逐梦航空

雏鹰篇

马文来 主编 / 仲戈 陈健 副主编

清华大学出版社

北京

内 容 简 介

本书首先以"飞天之梦"开篇,讲述了航空的前世今生;然后图文并茂地介绍了航空器的分类和主要用途;最后通过制作各类纸飞机和橡皮筋飞机来体验飞机设计师的工作乐趣。本书在编写上力求探索创新,语言精炼、图示丰富活泼,增强了航空知识的科学性、趣味性和实用性,能够贴合青少年的阅读习惯和学习需求。

本书适合以中小学生为主体的青少年及其他航空爱好者阅读,还可供开设航空相关课程的学校、企业等使用。

图书在版编目(CIP)数据

逐梦航空:雏鹰篇 / 马文来主编 . 一北京:清华大学出版社,2023.10
ISBN 978-7-302-64698-3

Ⅰ . ①逐… Ⅱ . ①马… Ⅲ . ①航空 – 通俗读物 Ⅳ . ① V2-49

中国国家版本馆 CIP 数据核字(2023)第 185723 号

责任编辑:张 弛
封面设计:常雪影
责任校对:刘 静
责任印制:沈 露

出版发行:清华大学出版社
　　　　网　　　址:https://www.tup.com.cn, https://www.wqxuetang.com
　　　　地　　　址:北京清华大学学研大厦 A 座　　　邮　　编:100084
　　　　社 总 机:010-83470000　　　　　　　邮　　购:010-62786544
　　　　投稿与读者服务:010-62776969, c-service@tup.tsinghua.edu.cn
　　　　质量反馈:010-62772015, zhiliang@tup.tsinghua.edu.cn
印 装 者:三河市铭诚印务有限公司
经　　销:全国新华书店
开　　本:210mm×285mm　　印　　张:8.25　　字　　数:116 千字
版　　次:2023 年 12 月第 1 版　　　　　印　　次:2023 年 12 月第 1 次印刷
定　　价:69.00 元

产品编号:102523-01

丛书编写委员会

主　任：李　健

副主任：王　霞　齐贤德

委　员：孙卫国　张聚恩　宋庆功
　　　　马文来　仲　戈　陈　健

序

人类驾驶航空器在天空飞翔,实现了先人们向往星空、御风而行的梦想。世界航空发展是一个充满科学、探索、勇敢和坚持的漫长过程。一个国家航空事业发展和航空文化普及程度高低体现着其综合实力的强弱。在青少年中积极开展航空知识科普教育,引导青少年走近航空、了解航空、感受航空,进而学习航空、热爱航空、奉献航空,从小厚植家国情怀,筑牢航空科学梦想,是一项利国、利军、利民的事业,对培养国家航空后备人才、传承航空文化具有重要而深远的意义。

本套图书的编写单位蓝切线(山东)航空产业发展有限公司长期致力于传播航空知识,弘扬航空文化,在山东省航空产业协会原理事长孙德汉的关怀和支持下,始终秉持航空报国的情怀,在航空科普、航空教学、军地联合培养航空后续人才等方面进行了积极的探索和实践。经过多年积累,2020年成立工作组,精心编写了《逐梦航空——雏鹰篇》《筑梦航空——雄鹰篇》《铸梦航空——猎鹰篇》一套三册青少年航空科普教育系列图书。

翻开《逐梦航空——雏鹰篇》,以"飞天之梦"为开篇,通过生动有趣的小故事讲述了航空发展的前世今生,展示了从古至今人类对"飞天"的不断探索与追求。三册图书从"雏鹰"到"雄鹰"再到"猎鹰",由浅入深,由初级到高级,图文并茂地讲述了中国民用飞机的种类、飞行原理和主要制造过程;民用航空航班运行流程;以及民航从业人员特别是飞行员的成长过程等一系列生动有趣的内容。还结合电影《空天猎》讲述中国空军的发展史,介绍各类歼击机的性能及世界经典空战内容,激发学生航空报国热情。整套图书贯穿知识与实践相结合的理念,通过各类简易飞机制作、航模制作以及超级电容小飞机制作等实验教程,让学生充分体验飞机设计发展的全过程,在参与的乐趣中获得丰富的航空知识,培养航空感知、动手能力和探索精神,加深对航空事业的理解。本书在编写上力求探索创新,语言精炼、图文并茂,增强了航空知识的科学性、趣味性和实用性,能够贴合青少年的阅读习惯和学习需求。

  当今时代,中国正肩负着实现民族复兴的伟大使命,建设航空强国是国家战略发展的重要任务。航空强国要从青少年抓起,要让航空文化在众多青少年心中生根发芽,这项工作也需要每位热爱航空事业的人躬身践行。海阔凭鱼跃,天高任鸟飞。相信在航空科普教育的推动下,中国航空事业后继有人。

      中国工程院院士
      飞机总体设计专家
      沈阳航空航天大学名誉校长
      中国电动飞机开创者

■ 前　言

2002 年，第九届全国人大常务委员会发布了《中华人民共和国科学技术普及法》，明确提出发展科普事业是国家的长期任务，科普是公益事业，是全社会的共同责任，是社会主义物质文明和精神文明建设的重要内容，社会各界都应当组织参加各类科普活动。2016 年，习近平总书记在"科技三会"上提出：科技创新、科学普及是实现创新发展的两翼，要把科学普及放在与科技创新同等重要的位置。党的二十大报告强调要加强国家科普能力建设。

航空产业是国之重器，是国家重要的战略领域，随着科学技术的发展，航空正在改变人类生活的方方面面，中国人对航空知识的渴望越来越浓。我们每个人都曾有过飞翔的梦想，曾几何时，每当有飞机从天空掠过，我们会情不自禁地抬头眺望，孩子们则跳跃着、追赶着、呼喊着："飞机！"飞行器让人们实现了飞行梦。但是在中国，航空还是离人们很远很远，少年在作文中对理想的描绘、青年走向社会对工作的期望大多是成为解放军、医生、教师或科学家，而想当飞行员、飞机设计师的凤毛麟角。其原因在于，长期以来全社会还没有形成普遍关注航空的氛围，缺乏热爱航空的意识。进行航空科普宣传，在青少年中开展航空知识教育已势在必行。鉴于此，蓝切线（山东）航空产业发展有限公司根据实际需要，听取多方意见，于 2020 年成立了青少年航空科普教育系列教材编委会，精心组织编写了《逐梦航空——雏鹰篇》《筑梦航空——雄鹰篇》《铸梦航空——猎鹰篇》一套三册青少年航空科普教育系列图书，旨在普及航空文化，完善青少年航空科普教育知识体系，提高青少年了解和学习航空科普的积极性。

该系列共分三册。第一册是针对初级阶段的《逐梦航空——雏鹰篇》，以"飞天之梦"为开篇，通过多个生动有趣的故事讲述了航空发展的前世今生，展示了从古至今人类对"飞天"的不断探索与追求。图文并茂地介绍了航空器的分类和主要用途，通过制作各类纸飞机和橡皮筋飞机来体验飞机设计师的工作乐趣。第二册是针对中级阶段的《筑梦航空——雄鹰篇》，从《中国机长》看民用航空开篇，讲述了民用航空的定义与概况、民航飞机的制造过程、航班运行流程及关于飞行员等民航从业人员的一系列生动有趣的内容。结合电影《空天猎》讲述中国空军的发展史、中国空军航空兵部队组成，讲述关于各类战斗机及世界经典空战的内容，激发读者航空报国热情。通过对初级航模制作及超级电容小飞机制作，介绍有关航空模型的知识，培养学生的航空感知和探索能力。最后，通过几款经典的模拟飞行软件，进行了模拟飞行初期体验。第三册是针对高级阶段的《铸梦航空——猎鹰篇》，从小型飞机开篇，讲述了关于飞机结构、动力装置和飞行原理等知识；接着通过轻型直升机介绍了关于旋翼机的结构、动力装置和飞行原理等知识。介绍了飞行模拟训练器、直升机模拟训练器，以期增强学生对模拟飞行的浓厚兴趣。最后通过高级航模制作过程，体验高级飞机设计从无到有的全过程，加强对航空的深入理解。

该书于2020年9月编写完成后，在相关中小学和社会培训机构进行了验证应用，经过两年多的实践推广，在广大青少年和社会应用层面取得了良好的反响。2022年下半年，编委会根据应用过程中发现的问题，在广泛收集和听取各方意见建议的基础上对内容进行了全面改版完善，在框架调整、标题优化、图片处理、文字校对等方面做了大量修订，进一步将理论性与应用性结合、传统性与时代性结合、趣味性与科学性结合、知识性与思想性结合，打造了更科学、更实用的第二版航空科普教育系列图书。2023年3月26日，编委会组织航空业内专家许天牧、任超忠、黄伟宏、李艳华和李健涛等，对教材进行了评审，专家一致认为，本书编写以普及青少年航空知识，传播航空文化，激发青少年航空报国热情，为中国航空事业持续发展培养后备人才为目的，有利于培养青少年对航空科学的兴趣和坚持不懈的探索精神，对培养国家航空人才具有重要意义。教材形式贯穿理论与实践相结合的理念，通过各类航模制作、模拟飞行等实验教程,让青少年体验航空器发展的全过程,在参与的乐趣中培养航空感知、动手能力和探索精神,丰富航空知识。教材内容上推陈出新、语言精炼、图文并茂,贴合青少年的阅读习惯和学习需求,具有较强的科学性、趣味性和实用性,是一套非常有推广价值的科普教材。

　　教材在编写的过程中,参考了大量现有的相关图书、教材、研究论文等文献资料,已在参考文献中列示,同时得到航空界有关专家的帮助和指导,在此一并表示衷心感谢。由于编委会能力水平有限,其中难免有疏漏不当之处,敬请读者在使用过程中及时提出宝贵意见,以期不断予以改进。

青少年航空科普教育系列教材编委会

2023 年 9 月

目　录

第1章

飞天之梦——航空的前世今生

1.1 飞天幻想

当你仰望天空的时候,是不是非常羡慕天上的鸟儿,是不是梦想着可以像鸟儿一样翱翔于天地之间(图1.1)?古代的人们看到鸟儿在天空飞翔,也同样萌生了人若是像鸟儿一样,长一对上下扇动的翅膀该多好,那样人们也可以像鸟儿一样飞行了。就算是人没有长翅膀,如果能借助什么神奇法术、仙丹妙药,或者辅助器械飞行在蓝天白云之间也是人生美事之一了。

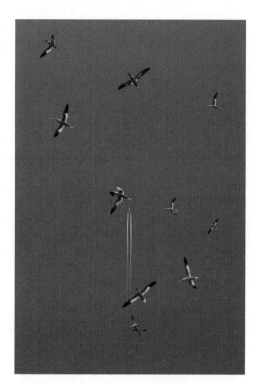

图1.1 展翅飞翔的鸟儿
(Adriankirby 摄)

虽然古人没有亲口告诉我们他们的想法,但是,我们可以从世界多地考古的许多文物中,或是典籍文字记载中,或是传说、故事、壁画中,了解到人们自古以来就有着飞天的梦想。

比如,在世界各地丰富多彩的传说、壁画、故事里,腾空驾雾的神灵,或是仙丹妙药,或是神奇法术等都出现过,这些都是古代人们对飞天梦想的直接表达。在历史长河中,流传古代飞行神话传说的国家和地区以中国、古希腊、埃及、印度及阿拉伯地区最为著名,也流传最广。任何一个国家,其民族中所崇拜的神灵大都会展翅飞翔,比如我国嫦娥奔月的神话故事、孙悟空腾云驾雾,世界名著《一千零一夜》中的飞天地毯、普罗米修斯飞天盗火、古希腊的小天使等。

这些传说、故事、小说、话本中的飞天情节都不是真实发生过的,可这些情节都在不同程度地表达人们原始的飞天梦想。远古时期的飞天梦,多是寄托在无限神秘的神灵身上。在那个时代,科学技术正处于启蒙阶段,还没有展现出它的力量,人们在无法借助科技手段实现飞行的情况下,只能借助这种方式进行表达。这些飞行神话传说不仅扩展了古代人们的视野,丰富了人类社会文化,也孕育了近代航空的萌芽。

1.1.1　东方故事

1．嫦娥奔月

嫦娥奔月的故事,相信大家应该都听说过,据说,月亮上有个宫殿叫广寒宫,广寒宫里住着嫦娥和一只玉兔,宫外种满了桂花树,还有一个叫吴刚的樵夫经常在广寒宫外砍树。人们不禁会产生疑问,月亮上真的有嫦娥吗?

其实,嫦娥奔月(图1.2)的故事早在我国西汉时期就已经流传了。在西汉刘安的《淮南子·览冥训》和晋朝干宝的《搜神记》里都有记载,传说射下九个太阳的大英雄后羿从西王母处求得了"不死之药"。有一天,后羿的妻子嫦娥独自吃了药,结果她便飞了起来,一直飞到月宫(广寒宫)才停下来。从此,她便独自守在冷冷清清的广寒宫数千年,远离了人间。传说,每逢农历八月十五,她就会走出广寒宫,遥望人间,因此每个月农历十五的月亮才会又亮又圆。嫦娥的形象早在两千年前就出现在长沙马王堆汉墓的帛画上,画中嫦娥乘坐飞龙飘然奔月。这个美丽的传说反映了中国古代人们对月球的一种朦胧认识,也可以说是人类对登月最初的向往。

图 1.2　嫦娥奔月(吴冰玉　绘)

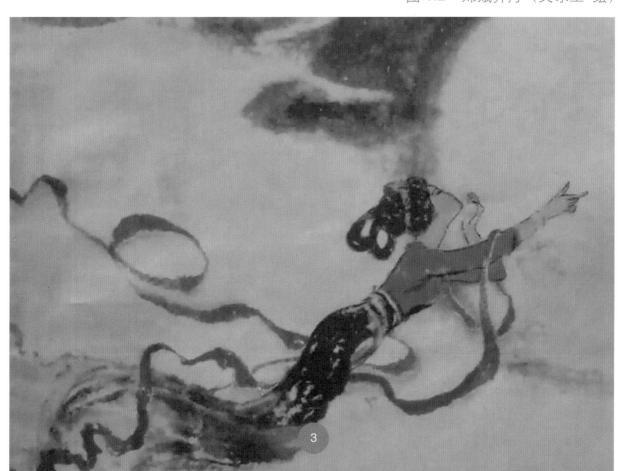

2. 舜帝逃生

相传在四千多年以前的上古时期,有一个和尧齐名的人——舜,他当过39年的全国领袖。在司马迁的《史记·五帝本纪》中曾经写到,舜的父亲瞽叟(gǔ sǒu)因为不喜欢舜而常常想暗害他。有一天,瞽叟想到一个主意,他让舜爬到一个很高的粮仓顶上去干活。舜上去之后,瞽叟就把梯子拿走,还在粮仓下偷偷放了一把火,想把他烧死。舜正在干活,忽然发现了浓烟,此时火苗已经烧到了脚底下。他无计可施试图从高处跳下来,可是粮仓太高了,担心跳下去之后会被摔死,假如不跳,也是死路一条。万分焦急之中,他抓住身旁的两个大斗笠,纵身一跃,就跳了下来(图1.3)。落地后的舜竟然毫发无损。

图1.3 舜帝逃生

舜的大斗笠起到了降落伞的作用,也可以看作现代降落伞的雏形。当然,舜帝的大斗笠肯定不能负担起一个人的重量,这只是一个故事而已,大家在生活当中可千万不要模仿。

3. 敦煌飞天

飞天是佛教中一种会飞的神。在中国古代的艺术宝库莫高窟里,有很多精美的壁画,其中出现最多的当属飞天(图1.4)。据统计,在敦煌的550多个石窟里,共有4000余身飞天,她们都是清一色的少女,体形苗条,面部丰满,神态潇洒,她们身披长巾飘带,奏乐、散花、飞舞,千姿百态,灵活生动,气象万千。还有隋朝的壁画,画着长了翅膀的"羽人"。这些都可以看作古代人们飞天梦想在艺术上的表达。

中国古代关于飞行的故事不胜枚举,《庄子》记载有列子御风的故事(图1.5)。列子姓列,名御寇,传说他有乘风而行的本领,能在空中飘浮半月之久,让许多人心生羡慕。据典故记载,列子并不知道自己的身体倚靠着什么,也不知道自己的双足踩在哪里,只感到自己能随风飘荡,或东或西,像轻盈的树叶一样,不知到底是他乘风而飞,还是风乘他而游荡。列子生前御风而行逍遥游,终得成仙升天,给后人留下了八卦御风台。八卦御风台在郑州东二十里铺南高岗上,为一八角形高台,上绘八卦图,旁有列子塑像。郑州人将此景谓之"卦台仙境",列入郑州八景。

图 1.4   敦煌飞天壁画

图 1.5   列子御风飞行

1.1.2 西方神话

1. 飞人石雕

在古代,不仅东方人向往飞行,西方人也如此。他们认为翅膀是能够飞行的先决条件,必须像鸟儿一样长着两个翅膀才能飞上天空。古代欧洲有挥舞着翅膀的飞人石雕,如图 1.6 所示是古埃及青铜浮雕画:展开双翅的伊西斯女神(或奈芙缇丝女神)。埃及神话中也有类似的场景。

图 1.6　飞人石雕(藏于卢浮宫)

2. 代达罗斯父子

在古希腊,民间还流传着代达罗斯父子(图 1.7)飞向太阳的神话。相传古建筑师代达罗斯和儿子伊卡洛斯被国王囚禁在地中海克里特岛上。他们渴望逃离这个苦难的地方,但又没有船只。代达罗斯望见天上远飞的海鸟,启发了灵感。于是,他和儿子伊卡洛斯就开始收集岛上飞鸟的羽毛,并将羽毛编织成两对翅膀,用蜂蜡将它们粘住。父子两人各自在背上装上一对翅膀,然后便乘风飞了起来。他们升空翱翔,穿过海洋,越飞越高,越飞越远。但年轻的伊卡洛斯好奇好胜,继续向上飞行,一直飞到太阳附近,不料太阳的高温很快使粘住羽毛的蜂蜡熔化了,翅膀也烧着了,伊卡洛斯失去双翅,掉到大海里淹死了。这个充满诗情画意的悲剧故事,反映了人类想要遨游天空、征服太阳的壮志豪情,也暗示着飞向天空面临着很多风险和挑战。

图 1.7 代达罗斯父子（Fine Art America）

3. 战车飞行

在古希腊神话中还有战车飞行的故事。相传法厄同是太阳神阿波罗的儿子。他从母亲那里得知赫利奥斯是他的父亲,便去恳求父亲给他一个能说明他身份的证据。赫利奥斯发誓满足儿子的任何愿望。不料法厄同提出了驾驭太阳神战车的请求,赫利奥斯只得应允。法厄同跳上太阳神战车后,神马立刻飞奔起来（图 1.8）。神马察觉到战车比平时轻得多,便横冲直撞,很快偏离了轨道,开始贴近地面飞驰。法厄同惊慌失措,不知该怎样去驾驭它们,战车忽高忽低,最后飞到地面引发大火。云层浓烟滚滚,山巅也燃起了火苗,山林田野一片狼藉,连寒冷的高加索山都着起火来。整个利比亚干得成了沙漠,也就是现在的撒哈拉大沙漠。

图 1.8 法厄同驾驶太阳神战车（《名画之谜：希腊神话篇》）

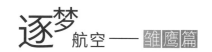

法厄同惹了大祸,使世界陷入一片混乱。宙斯大怒,为了拯救人类对准法厄同放出雷电。法厄同立即从车上栽了下来,浑身是火,燃烧着掉进埃里斯达诺斯河。

1.2 探索实践

古代中国人民创造了许多飞行工具,其中很多都是现代飞行器的雏形。中国古代的风筝被誉为世界最早的飞行器。

1.2.1 飞人传说

据西汉《淮南子》记载,鲁班(公输般)和墨子都曾经制作过会飞的木鸟,关于"飞人"和"飞车"的记载也多次在史书上出现。最早的记录可追溯到西汉末年。班固的《汉书》记载,在王莽时期曾经有个能工巧匠,利用鸟的羽毛和翅膀制作了一件披风并进行了飞行表演。他把制作出的披风捆在身上,随后登上一座高塔,随着王莽的一声令下,工匠纵身一跃,凭借披风的力量,在空中滑翔了几十米,可惜最后由于披风结构原因,摔在了地上,工匠也受了重伤。这可以说是有记录以来人类第一次尝试飞行的活动。

时间来到公元 1010 年,英国有一个名叫艾莫的教徒也进行了飞人试验。他同样制作了一副由鸟的羽毛织成的翅膀,不同的是,他将翅膀绑在了自己的胳膊和腿上,从教堂的顶端飞身而下,在空中滑翔了上百米,即将落地时,迎面吹来的狂风将他脚上的翅膀吹断了,坠落到地面后,艾莫也跌断了双腿。

传奇画家达·芬奇 (Leonardo da Vinci, 1452—1519 年),也就是名画《蒙娜丽莎》的作者,他也曾设计过让人能够飞上天空的翅膀 (图 1.9),类似于现在的扑翼机,不过这个设计仅仅是个草图,达·芬奇并没有真正尝试通过它飞上蓝天。

1.2.2 万户飞行

600 多年前,我国明朝的士大夫万户也曾尝试过飞天活动 (图 1.10)。他将 47 个自制的火箭绑在椅子上。他坐在椅子上,手里攥紧风筝线,想凭借火箭的推力和风筝上升的力量飞上天空。但不幸的是,这次试验是一次失败的悲剧。万户的生命最终殒落在了点燃火箭后的巨响中。从史料看,万户是世界上第一个利用火箭向太空搏击的英雄,科学家将月球上的一座环形火山命名为"万户山",以此纪念这位世界飞天始祖。此后,陆续还有很多人也尝试过飞天,但都以悲剧告终。

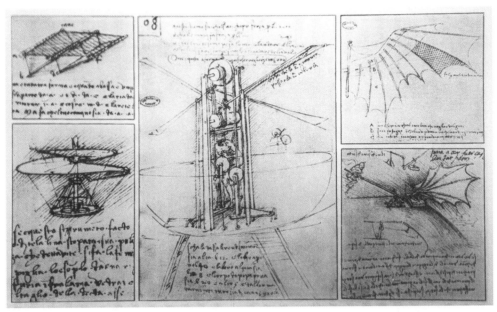

左上:单向阀式翅膀;左下:直升机;中图:四翼飞行器,靠人力驱动;
右上:人工翼结构图;右下:扑翼试验。

图 1.9　达·芬奇飞行器设计草图（藏于法兰西学会）

图 1.10　万户飞行（基姆《火箭和喷气发动机》）

时间来到 17 世纪 80 年代,科学家们提出,人类想利用翅膀飞行的想法是无法实现的,并解释了其中的科学道理,这种试验才逐渐减少。以当时的科技水平,人们还不能够理解人的身体不是流线型等很多因素导致人类不适合飞行。有研究数据表明,人类心脏的重量约占体重的 0.5%,而蜂鸟的心脏重量则占体重的 22%。人的正常脉搏每分钟约 70 次,即使剧烈运动时一般也小于 200 次,而麻雀飞行时的心跳每分钟高达 800 余次。假如人想要和鸟儿一样飞行,为了容纳飞行所需要的心脏和肌肉,需要至少 1.8 米宽的胸膛,才能带动沉重而又非流线型的身体飞行。

从现代科学的角度看来,想通过翅膀飞上天空的试验是不现实的,但正是由于他们勇敢的尝试,人类才会在飞天领域不断取得新进展。同时,这些尝试也从侧面反映了人类征服天空的梦想注定不能依靠肌体的力量,而是要靠大脑的智慧去实现。

作为四大文明古国之一的中国,历史上相继出现了风筝、火箭、孔明灯、竹蜻蜓等许多飞行相关的发明与创造,对现代航空器的发展起到了开创性的启示与推动作用,可以说,我们的祖先为航空事业的发展贡献了古老的中国智慧。

1.2.3 风筝

村　居

草长莺飞二月天,拂堤杨柳醉春烟。

儿童散学归来早,忙趁东风放纸鸢。

七言绝句《村居》是我们耳熟能详的一首诗,出自清代诗人高鼎(1828—1880 年)之手。诗中描绘的纸鸢指的就是风筝(图 1.11)。大家应该都放过风筝吧?你想过风筝是谁发明的吗?它能够飞上天空的科学道理又是什么呢?其实,作为最原始的飞行器,风筝之所以能够飞上天,和现

图 1.11　放风筝水墨画(丰子恺)

代飞机的飞行原理是一样的,都是利用空气动力学原理。

2400多年前,中国古代有个伟大思想家墨子(约公元前468—前376年),他非常喜欢探索,而且还常常幻想自己变成一只雄鹰飞上天空。后来,墨子通过缜密的构思之后制作了一只木鸟(图1.12),并且经过反复试验,木鸟飞起来了,可并不能飞很远的距离。后来墨子在试验中不断改进木鸟的结构,通过挖去木鸟身体中的木料,只留下一张像丝绸一样薄的"鸟壳"。改进后的木鸟又一次飞了起来,轻盈而优雅。墨子制作的木鸟,也可以看作最早的风筝雏形。

图 1.12　墨子制作木鸟

墨子有一名学生叫鲁班,也是中国建筑和木匠的鼻祖。鲁班动手能力强,心灵手巧,他曾经按照墨子的构想,通过复杂的工序将竹子制作成喜鹊的样子,制作出来的"木鹊"能在空中飞翔三天三夜才落下来[①]。据说,后来"木鹊"在军事活动中得到了应用,承担过侦察敌情的作用,发挥的功能与现在的军事卫星类似。

中国的风筝已有两千多年的历史,是我国传统工艺品之一。唐代以前,风筝一般被看作用于测量、通信等军事功能的工具。宋代高承《事物纪原纸鸢》中记载:韩信曾利用风筝测量未央宫,打算趁刘邦不在家挖地道进入宫内。关于风筝的发明人,还有一种传说,在汉朝初期,在刘邦和项羽的垓下之战中,大将军韩信设计制造了一支很大的风筝,让身材轻巧的张良坐着风筝飞上天空(图1.13),在楚军上方高唱楚歌,使歌声传送到远处的楚营里,这便是历史

---

① 《墨子·鲁问篇》记载:公输子削竹木以为鹊,成而飞之,三日不下,公输子自以为至巧。

上著名的"四面楚歌"。当然这只是传说,还没有证据证明风筝可以载人飞上天空。

图 1.13　古代风筝应用(《事物绀珠》)

东汉以后,随着造纸业的发展,纸糊风筝逐渐多了起来,也就是纸鸢的由来。因为制作简单、价格便宜,纸糊风筝也从少数人手里逐渐走进了寻常百姓家,成为孩子们非常喜爱的娱乐玩具,一直到现在,放风筝还是孩子们重要的娱乐活动之一。风筝之都山东潍坊每年都举办国际风筝节。那么风筝这个名字又是怎么来的呢?在五代时期,亳(bó)州刺史李邺通过设计,在纸鸢的头部加装了竹哨,纸鸢在天上飞,竹哨也跟着响动,发出类似古筝一样的声音,由此得名风筝。这种"风筝"的设计沿用至今,我们放飞这种装了竹哨的风筝就会发出悦耳的声音,如图 1.14 所示。

图 1.14　竹哨风筝(越南广宁省传媒中心 摄)

唐代以后,风筝的军事功能逐渐消失,变成一项娱乐活动。北宋年间,放风筝的娱乐活动得到广泛普及。北宋宰相寇准所写的诗《纸鸢》:"碧落秋方静,腾空力尚微,清风如可托,终共白云飞。"就描绘了风筝。到了明代,著名的诗书画家徐渭写下了十余首关于风筝的题画诗。清代开始,中国风筝进入大发展时期,每到清明时节,人们便会结伴去郊外放风筝。

在航空器的分类中,风筝属于重于空气的飞行器,它是利用空气动力升空的原始飞行器,其飞行原理和现代飞机相似。14 世纪传入欧洲的风筝,对飞机的发明产生了重要影响,可以说是现代飞机的鼻祖。

1.2.4 竹蜻蜓

竹蜻蜓是中国古代关于飞行器的又一项重要发明。它的结构是在一张薄的长竹片两端对称各削一斜面,竹片中央置一圆孔,圆孔内安装一个竹柄或木柄。 玩时,用双手夹住竹柄,双手一搓然后放手,竹蜻蜓便会飞上天空。它被普遍视为现代旋翼机的雏形和直升机的最原始形态。

相比风筝,竹蜻蜓的历史更为久远,可以上溯到公元前 1500 年前商朝边境民族奇肱(gōng)人的飞车。《山海经》里对奇肱国有这样的记载:"奇肱之国在其北,其人一臂三目,有阴有阳,乘文马。有鸟焉,两头,赤黄色,在其旁。"在这个部族里,人们都长着三只眼,只有一条胳膊,而又极为机巧,善于制造飞车,能够乘风远行。另外,张华在《博物志》中记载,奇肱国在玉门关外四万里,商汤时,奇肱国人驾着飞车飞到了豫州境内,飞车被商部落的首领汤毁坏,并且封锁消息,秘不示人。十年后,奇肱国人另外造了一架飞车(图 1.15),当东风刮起的时候,便乘风回到了奇肱国。

注:《山海经》版画插画,一个奇肱国人坐在风车上。版画绘于 17 世纪,现藏于卡纳瓦雷博物馆。

图 1.15 奇肱国飞车
(《人类飞翔史》)

如今看来,奇肱人的相貌更接近外星生命,他们所操控的飞车,也不像是商汤时代的技术,飞车或许是一种超越了当时人们认知的飞行器。当然,以上只是神话,奇肱国和一臂三目的奇肱人,也被理解为海外方国,是遥不可及的神秘国度。

晋朝学者葛洪在《抱朴子》中曾记述了这种飞车的原理,"或用枣心木为飞车,以牛革结环剑,以引其机;或存念作五蛇六龙三牛,交罡而乘之,上升四十里",这种飞车的原理,与现在为人熟知的竹蜻蜓相似,这大概是文字方面关于竹蜻蜓的最早记载。竹蜻蜓作为结构简易、操作简单的玩具,曾让西方传教士惊叹不已,在他们眼中竹蜻蜓又被叫作"中国螺旋"或"飞螺旋"(图1.16)。竹蜻蜓在18世纪传到欧洲,被称为"中国陀螺"。西方的一幅圣母圣子像中就曾出现过竹蜻蜓的形象。

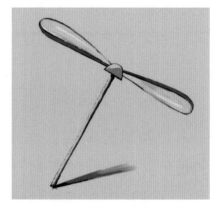

图1.16　竹蜻蜓

达·芬奇除了设计帮助人飞行的翅膀,也曾经设计过直升机。意大利人在米兰图书馆发现了达·芬奇在1475年画的一张关于直升机的想象图。据说达·芬奇的设计灵感也是受到竹蜻蜓的启发而来的。

图1.17　达·芬奇设计的直升机复制品(《人类飞翔史》)

达·芬奇所设想的直升机是由巨大螺旋体组成的,材料为上浆亚麻布,形状类似一个巨大的螺丝钉。旋转的动力是弹簧所提供的,在螺旋体达到一定转速时,整个机体就会升空。驾驶员站在底盘上,通过拉动机身上的钢丝绳来改变飞行方向(图1.17)。当然,现在看来,达·芬奇的直升机是难以实现飞行梦想的。

英国人乔治·凯利(George Cayley,1773—1857年)被誉为"航空之父",他终生痴迷于竹蜻蜓,也受到过竹蜻蜓的启发。他的第一项航空研究就是在1796年仿制和改造了"竹蜻蜓",并由此悟出螺旋桨的部分原理。他的这项研究和其中的原理对飞机研制成功起到了重要的作用,并为西方的设计师研制直升机奠定了基础。

1.2.5 孔明灯

在很久以前,中国人就已经把灯笼"玩"上了天。典型的就是三国时期诸葛亮(字孔明)发明的"天灯",又被称作飞灯、孔明灯(图 1.18)。

孔明灯由灯罩与支架组成,灯罩多为圆筒形或长方形,一般采用竹片编制而成,开口朝下,灯罩外多用薄白纸或绵纸覆盖。底部的支架以竹篾(bì)搭成,支架中间绑上一块沾有煤油或花生油的

图 1.18 孔明灯(《人类飞翔史》)

粗布或纸。放飞前先将油点燃,燃料燃烧使周围空气温度升高,灯内空气膨胀,密度减小,从而排出灯中原有空气,使自身重力变小,空气产生浮力把它托了起来,放手后整个灯会缓缓升空。孔明灯实际上是热气球的前身,它的升空原理和热气球是完全一致的。

1.3 飞 上 蓝 天

1.3.1 热气球

世界公认的人类正式飞向蓝天,是从法国航空先驱蒙哥尔费兄弟(Mungo's brother,1740—1810 年)①通过热气球将人们送上天空开始的。他们也被认为是热气球的真正发明者。蒙哥尔费兄弟原本是造纸工人,当他们看到碎纸片在篝火上飞舞时,于是便产生了利用热空气制造飞行器的念

---

① J.M. 蒙哥尔费,1740 年 8 月 26 日生于阿尔代什省维达隆莱昂纳内,是哥哥,1810 年 6 月 26 日卒于埃罗省巴拉吕克莱班斯。J.E. 蒙哥尔费,1745 年 1 月 7 日生于阿尔代什省维达隆莱昂纳内,是弟弟,1799 年 8 月 2 日卒于塞尔维耶尔。两人最大功绩在于研制出世界上第一个热空气气球。

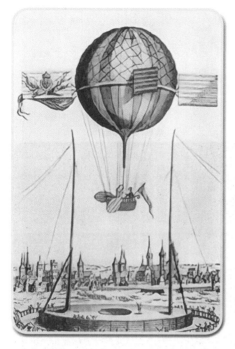

图 1.19　热气球升空试验
（《人类飞翔史》）

头。法国国王路易十六特别邀请他们到巴黎制作热气球，并要求他们在凡尔赛宫进行表演。

1783 年 9 月 19 日，蒙哥尔费兄弟制成了一只高 17 米、直径 12.5 米的热气球，并首次进行了装载动物升空试验（图 1.19），吊舱里面装了公鸡、鸭子和绵羊各一只，气球在空中飞行了 8 分钟并安全降落，这次飞行为热气球载人飞行树立了信心。同年 11 月 21 日，蒙哥尔费兄弟在巴黎市中心用热气球装载两名法国青年升空飞行。气球升空 1000 米，飞行 25 分钟、10 千米，创造了人类历史上的第一次载人飞行，实现了几千年来人类飞向天空的伟大梦想，这次飞行比莱特兄弟的第一次飞机载人飞行早了 120 年。

1.3.2　飞艇

热气球虽然简单、可靠，但是其可操纵性差，难以控制。人们又开始研究试验怎么更好地让热气球可控，于是飞艇也就应运而生了。作为热气球的进一步发展的新成果，载人飞艇的升空，也加速了更先进飞行器的研究发展。与热气球相比，虽然同属轻于空气的航空器，飞艇的最大优势和不同是可实现有动力的、可控制的飞行。

19 世纪中期，蒸汽机、内燃机、电动机的相继发明，为飞艇动力的改进创造了条件。1852 年 9 月 24 日，法国人亨利·吉法尔（Henri Giffard，1825—1882 年）制造了历史上第一艘动力驱动的飞艇（图 1.20），并驾驶它从巴黎飞到特拉普，飞行了近 27 千米。飞艇上安装了一台重 160 千克、功率为 2.2 千瓦的蒸汽机作动力，可以带动飞艇以每小时 9.4 千米的速度前进，创造了人类历史上飞艇第一次成功载人飞行。比飞机早半个世纪，比直升机早近 100 年。

图 1.20　第一艘动力驱动飞艇（《人类飞翔史》）

在飞艇发展史上,德国的齐柏林（Zeppelin，1838—1917 年）功不可没,他是硬式飞艇的发明者,被后人称为"飞艇之父"。他发明的硬式飞艇在不同领域都发挥了很大的作用,尤其在军事领域,其由于装载量大、侦察性好等特点被广泛运用在后来的空战中。后来,世界各国开始模仿制造,期间也诞生了众多大型硬式飞艇。

从 19 世纪 50 年代到 20 世纪 30 年代,是飞艇的第一次辉煌期。1937 年 3 月,当时最大的飞艇德国的"兴登堡"号在美国新泽西州赫斯特湖航空港着陆时,突然在离地面 100 米左右的空中发生爆炸（图 1.21）,整个艇身瞬间被烈火包围,事故造成 30 多人遇难。经过调查,爆炸主要

图 1.21　"兴登堡"号爆炸（《人类飞翔史》）

是由于可燃的氢气泄漏被点燃造成的。从那以后,更为安全的氦气逐步取代了易燃易爆的氢气作为飞艇的浮升气体。

由于这个时期飞机已经出现并逐渐广泛使用,再加上此重大灾难及期间的若干类似事故,导致飞艇在此后几十年间消沉不振,逐渐完成了"热气球—飞艇—飞机"的历史更迭进程,人类社会开始逐步进入飞机称霸天空的年代。

但是，20世纪70年代后，新技术的发展及民用的大量需求，再加上其可直升、无须动力悬停、长时间留空、大载荷能力、低能耗、低噪声、低空安全度高等诸多优点，使得飞艇重新崛起，成为世界多国竞相发展的高新技术之一。

1.3.3 滑翔机

气球和飞艇在帮助人类完成升空梦想的同时，也逐渐显现出一些短板和不足，比如飞行速度低、操控不精准等，还不能很好地满足人们对飞得更快、更舒适的需求。而且，轻于空气的飞行器在帮助人类完成飞行梦想上有其天然的局限性。因此，航空科学家很快开始把研究重点转移到对滑翔机和飞机的研究上去了。

滑翔机就是与飞机外形相似，无动力装置，靠固定翼产生升力进行飞行的航空器。乔治·凯利被公认为是飞机和滑翔机的重要创始人。他为重于空气的航空器创立了必要的飞行原理，而在他之前，航空只是"在公众眼中接近于荒谬可笑的行为"。大约在1801年，凯利从风筝和鸟的飞行中领悟出了滑翔飞行的原理，并在1809年试制出一架滑翔机，这架滑翔机曾经把他带到几米高的空中，如图1.22所示。

图1.22　滑翔机和乔治·凯利（《人类飞翔史》）

最早的可操纵滑翔机是德国人李林达尔（Otto Lilienthal，1848—1896年）发明的（图1.23），他是世界公认的"滑翔机之父"。18世纪90年代，他设计了多种类型的滑翔机，主要分为单翼机和多翼机。李林达尔还通过实验和分析实验数据,创造性地提出了"曲面机翼比平面机翼升力大"的观点,解决了升力问题,为后来飞机的成功发明奠定了坚实的基础。他的著作《鸟类飞行是航空的基础》更是经典之作,以至于很多后来的飞行探索者,以及第一架飞机的发明者莱特兄弟,都曾从李林达尔的研究中获得了宝贵经验。

随着技术水平的提高,现代滑翔机的性能和应用范围不断拓展。比如,空客公司研制的 Perlan II 滑翔机翼展 56.08 米,重 816.5 千克,可载一人,配有增压座舱,试飞高度已达到 23100 米。

图 1.23　李林达尔和他设计的曲面滑翔机(《人类飞翔史》)

1.3.4　飞机

滑翔机依然无法实现可持续的载人飞行,而且操纵性受到很大限制,需要人们继续寻求更好的解决方案。另外,到 20 世纪初,限制飞机发明的升力问题、操纵问题和动力问题都已经得到解决,飞机面世已经是呼之欲出。

飞机是人类在 20 世纪所取得的最伟大科学技术成就之一,曾与电视和计算机并列为 20 世纪对人类影响最大的三大发明。

法国人认为世界上最早的飞机是由法国人克雷芒·阿德尔(Clément Ader,1841—1925 年)发明的,1890 年 10 月 9 日在法国试飞成功。

巴西人认为,飞机是巴西人阿尔贝托·桑托斯·杜蒙特(Alberto Santos-Dumont,1873—1932 年)发明的(图 1.24),1906 年 11 月 12 日,桑托斯·杜蒙特的"14bis"飞机成功地飞至 60 米高空,是世界上第一次成功的动力飞行,之前的飞行并没有达到真正意义上"飞"的标准。

图 1.24　阿尔贝托·桑托斯·杜蒙特发明的飞机（《人类飞翔史》）

目前,人们公认的飞机发明者是美国人莱特兄弟（Wilbur Wright,1867—1912 年；Orville Wright, 1871—1948 年）。1903 年 12 月 17 日,他们发明的世界上第一架真正意义上的飞机"飞行者 1 号"在美国试飞成功,留空时间仅 12 秒（图 1.25）。同一天,又进行了两次试飞,创造了空中持续飞行 59 秒的成绩,并且飞行了 260 米的距离。这是人类历史上第一次可完全自主操控、机体重于空气、飞行期间持续不落地的飞行。莱特兄弟发明的飞机正式开启了飞机发展的新纪元,标志着世界航空时代正式拉开帷幕。

图 1.25　莱特兄弟和他们的"飞行者 1 号"（《人类飞翔史》）

"中国航空之父"则是旅美华侨冯如。莱特兄弟飞机飞行成功后,冯如深受影响,立志从事飞机制造。1909 年 9 月 21 日,他在美国设计制造了中国人的第一架飞机"冯如一号"（图 1.26）,并亲自驾驶它飞上了蓝天,实现了中国人的首次载人动力飞行。他为报效祖国,带着亲自制造的飞机回国,投身革命,领导了中国第一支革命飞机队。1912 年，冯如在广州燕塘飞行表演中因飞机失事牺牲，遗体安葬在广州黄花岗烈士陵园。为表彰冯如的功绩，他被追授陆军少将军衔，并立碑纪念，被尊为"中国始创飞行大家"。

图 1.26　冯如和"冯如一号"飞机（《旧金山考察家报》）

1903 年以来的 100 多年，根据飞机动力装置的不同，可以将飞机的发展历程划分为两个重要的时代，即活塞时代和喷气时代。

1.4　活塞时代

活塞时代指的是 1900 年初至 1940 年中后期这段时间，这一时期的飞机主要采用活塞发动机。该时期又分为初期发展阶段、体系形成阶段和发展巅峰阶段三部分。

1.4.1　初期发展阶段

莱特兄弟在发明飞机之后，于 1909 年创建了世界上第一家飞机制造企业——莱特公司，并通过推销等方式迅速获得了美国军方的订单，这标志着航空工业的诞生。

紧随莱特公司之后，欧美国家迅速出现了其他一些飞机制造企业。由于莱特公司创建后，莱特兄弟将大部分精力用于保护其"发明飞机"这一专利上，导致莱特公司在技术上远落后于其竞争对手，最终经过种种波折，逐渐淡出。在这一时期，飞机制造业的规模一般都比较小，大部分近似于作坊，但不可否认，它们都无一例外地为世界飞机制造业发展进程奠定了基石。这些企业中有的一路发展延续到现在,有的经过整合兼并而不断壮大,当然更多的则消失在历史的时间轴上。

1.4.2　体系形成阶段

第一次世界大战(以下简称一战)的爆发给人类带来了深重的灾难,但是同时也为军用航空工业提供了历史上第一次大发展的机遇。这一时期全世界飞机制造商达到了 200 余家,航空发动机厂商则达到了 80 余家,战争期间生产的飞机和发动机数量更是多达 20 余万台套。欧洲大陆是一战的主战场,得益于这次战争对飞机这一新型武器的巨大需求量,欧洲参战国全力发展航空制造业,并且一度领先于美国。

此外,值得一提的是,美国航空工业在该时期发展相对滞缓,除了上述所说原因,还有一个原因是莱特兄弟向有关部门提出了飞机专利诉讼,从而阻碍了美国航空工业的先驱们在该时期取得重要发展。一战后期,一些著名的飞机制造企业已经逐渐在市场上站稳了脚跟,与此同时苏联也着手建立独立的飞机设计局,并且开始建设专业化航空工业制造厂。

但是随着战争结束,军方订单的锐减使得飞机制造业深受打击,加之大量退役的廉价军用飞机充斥市场,使得大部分飞机制造企业无法有效出售新的产品,大部分企业从此倒闭,一部分企业从此停止了飞机业务,只有少部分企业通过转型转产谋求多元化发展勉强度过了危机,波音公司就是其中一例。战后的波音为度过危机,曾经一度转型生产化妆台、柜台、家具等产品,借助这些产品获得的利润维持生存并坚持进行飞机的研制,波音公司的这种窘况在其研制波音 40/40A 型邮政飞机并获美国政府订单后得以缓解。

20 世纪 30 年代,世界飞机制造业基本形成了美、苏、欧、日四大体系,随着第二次世界大战(以下简称二战)的逼近,这些飞机制造企业纷纷转而为战争研发新型军用飞机,这一时期的许多产品都在不久后的二战中成为主力机型。

1.4.3　发展巅峰阶段

二战规模的空前绝后使各参战国理所当然产生了巨大的军事需求,极大地刺激了世界航空工业的第二次大发展,航空工业借此机会实现了进一步发展和持续性扩张。二战时期空军成为各国高度重视的全新军种,参战飞机数量之大、种类之多,是一战所不能企及的。此外,由于航空工业体系初具规模,飞机性能得到了很大的提升,产量更是实现了前所未有的增长:全世界飞机总产量约 100 万架,在参战国中,英、美等盟国共生产了 40 余万架,苏、德两国各生产了约 11 万架,二战简直可以被称为"活塞飞机的黄金时代",这期间出现了军用航空史上许多经典的歼击机和轰炸机,如图 1.27 所示。

图 1.27　二战飞机编队(《人类飞翔史》)

这一时期,民用航空业也有了一个飞跃式的发展,那就是波音 80 的出现。波音 80 是美国首架专为提供定期民航服务而设计的客机,同时也是现今商用飞机的先驱,该机可以负载 3 名机组人员、18 名乘客、408 千克货物,最高时速可达 222 千米 / 小时,航程为 740 千米。

1938 年 12 月,波音 307 客机(图 1.28)首航,这是世界上第一种投入并使用增压客舱的客运飞机,也是首架安排飞航工程师(Flight Engineer, F/E)随航负责技术性工作,以便让飞行员专心飞行的客机。

图 1.28　波音 307 客机（《中国民航报》）

1939 年,泛美航空使用波音 314 客机（图 1.29）开通了纽约到英国南安普顿的航线,至此乘坐商业航班环球飞行已经成为可能。

图 1.29　波音 314 客机（《生活》杂志）

不过这个时期转瞬即逝——两个多月后,二战爆发了,各国的航空运输业很快都被转入军事用途。

1.5　喷气时代

喷气时代指的是二战末期以后至今这段时间,这一时期的飞机主要采用喷气式发动机。该时期又分为初期发展阶段、技术突破阶段和发展成熟阶段三部分。

1.5.1 初期发展阶段

喷气飞机最典型的特征是装备了喷气式发动机。公认的喷气发动机的发明人有两个，一个是英国的弗兰克·惠特尔（Frank Whittle，1907—1996 年），另一个是德国的汉斯·冯·奥海因（Hans von Ohain，1911—1998 年），两人是在互相不知道的情况下独立发明了喷气式发动机。

在一战中，童年的惠特尔亲眼看到歼击机的空中格斗，从那时起对空战产生了浓厚兴趣。后来在皇家空军学院学习期间，他就发现驱动螺旋桨的活塞式发动机满足不了飞机高空高速飞行的需要，并在毕业论文中提出了新型推进系统涡轮喷气发动机的工作原理。1930 年 1 月，惠特尔通过不断设计和试验，最终获得了涡轮喷气式发动机的专利。1937 年 4 月，由他领导研制的双面离心式压气机、10 个单管燃烧室的燃气涡轮喷气发动机在试车台上运转成功，转速达到了 11750 转 / 分，发出推力 545 千克（5340 牛顿），该发动机从设计、制造到运转成功，仅花了不到两年的时间。

1933 年，德国的奥海因取得物理学和空气动力学的博士学位后，到一个航空类的研究机构工作，他构思了"有引擎，就不需要螺旋桨"的理念 。1935 年，他的离心 / 轴流式涡喷发动机获得专利。1937 年 3 月，奥海因等人设计的第一种涡喷发动机 HeS-3B 在德国运转成功，最大推力约 500 千克。1939 年 8 月，德国 He178 喷气式验证机首飞，最大飞行速度为 700 千米 / 小时。

早期喷气式歼击机还处于初级发展阶段，其稳定性和飞行操控性还不够好，再加上产量小，尤其是推重比小、功耗高，飞机的航程和作战半径小等因素，与当时最先进的活塞式歼击机相比，还有很大差距，因而，在一段时期内并没能够改变活塞式歼击机一统天下的局面。

二战后期，更实用的喷气式飞机出现，但是依旧没能在战场上发挥巨大的作用。

喷气式飞机从 20 世纪 50 年代逐渐开始走上坡路。1950 年，朝鲜战争爆发，喷气式歼击机被大规模地应用在战场上，中国人民志愿军空军使用苏联的米格-15 歼击机，美国空军使用 F-80、F-84、F-86 歼击机，都是当时世界上最先进的机型,如图 1.30 所示。喷气式歼击机在朝鲜战争中表现出空战的压倒性优势,受到世界各国的高度关注。

图 1.30　米格-15 和 F-86 歼击机（KCNO 摄）

　　二战期间,绝大部分歼击机的最大速度不会超过 700 千米 / 小时,飞行高度都在 10000 米以下,而 F-84、F-86、米格-15、"猎人""标枪""神秘"等型喷气式歼击机的最大平飞速度均超过了 1000 千米 / 小时。少数机型,如 F-86、米格-17 等,还可以做出超音速飞行,上述飞机多数都可以升至 15000 米的高度。

1.5.2　技术突破阶段

　　随着航空技术的不断进步,在飞机飞得越来越快的过程中,遇到了第一个问题:音障。音障又称声障,指的是大展弦比的直机翼飞机,在飞行速度接近声速时,会出现阻力剧增、操纵性能变差和自发栽头的现象,飞行速度也不能再提高,因此,人们曾以为声速是飞机速度不可逾越的障碍,所有才有音障这个名字。

　　活塞发动机时代,飞机从没有实现过超音速飞行,一方面受制于活塞发动机的功率限制,另一方面受制于螺旋桨的转速达到一定值时产生的激波。喷气式发动机的研制成功则解决了这两个问题,同时打破了活塞式发动机和螺旋桨给飞机高速飞行带来的桎梏,其强大的推力使歼击机速度突破了音障的限制。

　　飞机进入了超声速飞行时代始于 1947 年 10 月 14 日,美国 X-1 研究机由 B-29 携带起飞,在飞行员耶格尔的驾驶下首次突破了音障(图 1.31)。

图 1.31　歼击机突破音障的瞬间(中国军网)

　　20 世纪 50 年代出现了第一代超音速歼击机,飞行速度普遍达到 1.4 倍声速以上,其典型代表是美国的 F-100 和苏联的米格-19。

　　喷气式飞机初期取得了骄人的成绩,但是,一方面它仍然在机载设备和武器系统以及超音速飞行中表现一般,还存在升限、加速性和爬升率不高,航程与作战半径不大等缺点。另一方面,依靠大推力提高飞行速度时进行有效操纵是非常困难的,更难以进行空战任务。要使歼击机真正有效地突破音障进行超声速飞行,必须在增加发动机推力的同时,采取能有效地降低跨声速阻力的各种气动措施,比如采用加装后掠翼或进行面积律设计等措施。

　　在喷气发动机研制成功和后掠翼、面积律等基本航空理论研究获得突破以后,歼击机飞得越来越快,越来越多的超音速歼击机相继问世,飞行速度为

2 倍声速,也称为 2 马赫[①]的歼击机在美、苏两国空军部队陆续服役。

随着飞行速度的不断提高,飞机又遇到了难题:热障[②]。当飞机飞行速度达到 2 马赫时,机身温度就会升高至 100℃ 以上,某些部位可能高达 200℃。当速度进一步达到 3 马赫时飞机的某些部位温度可能会升至 500℃,这时飞机上的金属蒙皮被加热成暗红色乃至熔化烧毁。而随着温度的升高,飞机结构的强度和刚度不断降低,人员和机载设备也难以正常工作。飞机与空气的摩擦热成为主要问题,即热障问题。而飞机外表面使用耐高温材料是解决热障问题的主要方法之一。20 世纪 60 年代,美国的 SR-71 "黑鸟" 高速侦察机,就是通过使用大量先进的耐高温材料成功克服了隔热问题,也使得飞机的速度大幅提升至 3 马赫以上。

1.5.3 发展成熟阶段

喷气式发动机在军事领域被广泛应用之后,也被探索性地应用到了民用飞机上,民用飞机进入了发展新纪元。

1950 年,世界上第一种涡轮螺旋桨民航飞机——英国的 "子爵" 号(图 1.32)投入使用,但 "子爵" 号是靠螺旋桨产生推进力的,由于受到螺旋桨转速的限制,飞机速度只能达到活塞式飞机水平,无法将喷气式飞机的优势完全发挥出来。

1952 年,英国德·哈维兰公司研制了世界上第一架装备涡轮喷气发动机的民航飞机 "彗星" 号,其巡航速度有了明显的提升,超过 750 千米/小时,在全世界引发了广泛关注,曾经的社会上流人士都以乘坐 "彗星" 号为荣。遗憾的是,一年内投入航线的 9 架 "彗星" 号客机,先后有 3 架以几乎完全相同的方式在空中解体,产生了恶劣影响。

---

① 马赫是奥地利物理学家恩斯特·马赫(Ernst Mach,1838—1916 年)的名字。马赫数是速度与音速的比值,音速在不同高度、温度与大气密度等状态下具有不同数值,所以马赫数只是一个相对值,并不表示固定的速度值。

② 热障是指飞行器的速度发展到超过一定马赫数时,因高速气流引起表面加热(气动加热)而遇到的障碍。

图 1.32　英国的"子爵"号客机

事故调查证明罪魁祸首是矩形的客舱舷窗。在发现"彗星"号的舷窗问题以后,飞机设计师们不断对客机的舷窗升级,最终确定了两种方案:圆形或椭圆形。圆形或椭圆形舷窗有着独特的优势(图 1.33),被以后广泛采用。不同于方形的舷窗(图 1.34),它们能将所受压力比较均匀地分散到四周,因而整体能够承受更大的压力,保证窗户不易破裂。

图 1.33　飞机的椭圆形舷窗

图 1.34　飞机方形舷窗示例(《美国有线电视新闻网》)

苏联的军用航空工业相较民用更为发达,其中 1956 年正式投入航线运营的图-104 客机,是图波列夫设计局以图-16(中国仿制型称轰-6)为基础改进而来的。

法国也研制出一款短程喷气式客机——"快帆"号,它的特点在于率先设计并将两台涡轮喷气发动机置于后机身两侧。

尽管多个国家都采用了喷气式民航客机,但在 20 世纪 50 年代,美国的波音 707(图 1.35)无疑是最成功的喷气式民航客机。波音 707 的前身是 KC-135 空中加油机,经美国空军同意研制改装而来。1954 年波音 707 原型机首飞,四年后正式在航线中发挥作用,并且市场反响较好,很快也成为美国总统的专机"空军一号"。与此同时,道格拉斯公司也紧随其后研发了喷气式客机 DC-8,该机于 1958 年首飞,1959 年正式投入运营。

图 1.35 波音 707 客机(Basair 摄)

20 世纪 60 年代以后,随着经济和科技的迅速发展,航空市场越来越受到重视且竞争越发激烈,美国、苏联、欧洲纷纷研发了新型干线飞机、支线飞机、通用飞机,加拿大、巴西也开始在民用飞机产业中发力,世界民航业展现出百花齐放的景象。其中比较有代表性的当属美国的波音 737、波音 747、DC-10,苏联的图-154、伊尔-62,英国的"三叉戟",空中客车公司的 A300 等。颇受争议,且性能优越的由英法两国联合研制的"协和号"超音速客机(图 1.36),更是在一段时期内首屈一指。

图 1.36　"协和号"超音速客机

20 世纪 70 年代,随着主动控制技术和大推重比的涡轮风扇发动机的研发应用,第三代歼击机开始出现,如美国的 F-15、F-16、F-18 歼击机,苏联的米格-29、苏-27 歼击机等。

20 世纪 90 年代,随着先进综合航空电子系统和推重比为 10 的一级涡扇发动机的研发应用,具有隐身能力优越、超声速巡航、过失速机动和超视距攻击能力的喷气式飞机开始出现。

从 21 世纪开始,航空飞行器在进行了一场巨大的变革后,飞机制造材料从纯铝合金材质逐渐转变为复合材料。生产和设计的优化,从波音 777 开始,随着计算机辅助设计（Computer Aided Design，CAD）和仿真软件的进步,开发新飞机不需要再制作模型验证,直接从计算机上生成图纸,进而进行生产,以至开发难度大幅降低、可靠性加强。全新机翼的设计提高了飞机的经济型和舒适性,能更好地降低湍流阻力。随着现代电子信息技术的不断进步和逐渐引入,现代航电系统（图 1.37）的功能与性能日益完善,逐步改变了以老式飞机的简单座舱仪表为主要形式的布局,发展成为一个集控制、显示、探测、通信和网络技术于一体的高度复杂系统。

图 1.37　现代航电系统

本 章 小 结

　　本章共包括飞天幻想、探索实践、飞上蓝天、活塞时代和喷气时代五部分内容,主要介绍航空发展的前世今生,阐述从古至今人类对"飞天"的不断探索与追求。首先通过东方和西方的飞天童话介绍了航空的发展历史,然后通过万户飞行的故事阐述了人类为飞行而进行的各种实践和探索,解释了人类本身无法依靠翅膀飞行的原因;活塞时代和喷气时代则重点介绍了航空发展历史上两个重要的时期及其特点。

思 考 题

　　1. 我国古代的人们是怎么表达"飞天"梦想的?你觉着对世界航空的发展贡献了哪些中国智慧?

　　2. 万户飞行为什么失败了?你认为怎么样改进可以成功呢?

　　3. 请分析从世界上第一架飞机诞生到现在的一百多年时间里,飞机发生了哪些重要的变化?

　　4. 二战时期性能最好的活塞式飞机有哪些?

　　5. 喷气式飞机和活塞式飞机各自有哪些优缺点?

第2章
御器飞行——飞机的兄弟姐妹

2.1 初识航空器

飞行器分为航空器、航天器、火箭和导弹三类。在大气层内飞行的飞行器称为航空器,如气球、飞艇、飞机等。它们靠空气的静浮力或空气相对运动产生的空气动力升空飞行。在太空飞行的飞行器称为航天器,如人造地球卫星、载人飞船、空间探测器、航天飞机等。它们在运载火箭的推动下获得必要的速度进入太空,然后在引力作用下完成与天体类似的轨道运动。装在航天器上的发动机可提供轨道修正或改变姿态所需的动力。火箭是以火箭发动机为动力的飞行器(火箭发动机也常简称火箭),可以在大气层内,也可以在大气层外飞行。它不靠空气静浮力,也不靠空气动力,而是靠火箭发动机的推力升空飞行。导弹有主要在大气层外飞行的弹道导弹和装有翼面在大气层内飞行的地空导弹、巡航导弹等。有翼导弹在飞行原理甚至在结构上与飞机颇为相似。导弹是装有战斗部的可控制的火箭。通常火箭和导弹都只能使用一次,人们往往把它们归为一类。

2.1.1 航空器的分类

飞机是大家最常见的航空器,其中最常见的是民航客机。航空器的种类有很多,分类方式也多样。根据在空中飞行的原理不同分为轻于空气的航空器和重于空气的航空器两大类,如图 2.1 所示。

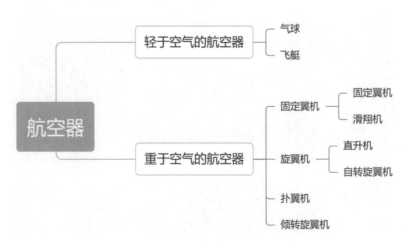

图 2.1 飞机的类别划分

(1)轻于空气的航空器,总体的密度轻于空气,依靠空气的浮力升空,称为轻于空气的航空器,主要是气球和飞艇。两者区别在于气球上缺少动力装置,无法控制飞行方向和自由地改变飞行状态。而飞艇则装备动力装置,在飞行方向和飞行姿态控制方面表现良好。

(2)重于空气的航空器本身重于空气,主要依靠自身与空气之间的相对运动,产生空气动力,克服重力而升空。这类航空器又分为以飞机、滑翔机为代表的固定机翼航空器、旋翼机、扑翼机和倾转旋翼机。

2.1.2 气球

气球的升力来自巨大的球囊,形状多为球形。球囊中填充密度小于空气的气体,使用热空气的称为热气球,常见的填充气体是氢气或氦气。我们应该都玩过气球,大多数充满气的气球是能够飞上天空的,这些气球就是氢气球或氦气球,如图 2.2 所示。

热气球是利用加热后的气体密度低于外界空气密度而产生浮力飞行。热气球能够实现升降控制,自带的内部装置可以根据空气的温度调整,如图 2.3 所示。

图 2.2 气球

图 2.3 热气球(《人类飞翔史》)

人类真正飞上天空开始于 1783 年法国的蒙哥尔费兄弟制造的气球载人升空,后来气球开始被用来运送邮件和乘客,成为最早的航空运输活动。

热气球曾被国际航空联合会认为是最安全的飞行器。近些年,全世界约有 2 万个热气球,在欧洲和美国等发达国家,热气球的流行程度更加广泛,经常举办热气球比赛活动。随着热气球运动的发展,越来越多的科学技术被运用到其中,包括热气球器具、飞行员的训练和考试等都走上了更加规范的道路。

热气球运动兼具多种功能,如旅游观光、地形勘测、应急救援、物资投放和航空科普教育等(图2.4)。

图2.4　热气球运动(崔文斌 摄)

20世纪60年代早期,燃烧器诞生并革新燃料和织物,产生了现代热气球。随后现代热气球在欧美各地逐渐普及,逐渐成为航空体育项目。中国是最早利用热气球升空原理的国家,五代时期就曾用松脂灯(又名孔明灯)夜晚升空作为军事信号。1982年9月,美国福布斯杂志主编M.L.福布斯先生带着他的热气球来华访问,并将带来的"中美友谊"热气球赠送给了中国。1983年8月23日,中国首次进行热气球自由飞行,自此开始了中国的热气球运动。

虽然热气球运动在国外已经成为一种流行的体育运动方式,但在我国还处于发展阶段。凭借国际上的影响力,我国也已经有了北京国际热气球邀请赛、泰山国际热气球邀请赛、全国热气球精英赛等各种大型比赛活动。

2.1.3　飞艇

飞艇的升空原理与气球是相同的,但不同的是可以依靠动力装置和控制装置飞向预定的目的地,而不是像气球一样随风漂流。

飞艇是最早的有动力载人飞行器。1852 年,法国的 H. 吉法尔制成第一艘飞艇。该艇装有一台功率 3 马力（2.2 千瓦）的蒸汽机,带动一个三叶螺旋桨。在飞艇软式气囊下面有一个三角形的风帆,用来操纵飞行方向。1900 年,德国人 F. 齐伯林制造了第一艘硬式飞艇。

20 世纪初到 20 世纪 30 年代,飞艇在航空运输中发挥了举足轻重的作用,特别是齐柏林飞艇在 1909 年开辟了汉堡到柏林的航线,是世界上最早的空运旅客的航线。尽管飞艇实用性较高,但也存在体积大、飞行速度慢、操作精度低等问题,并且早期飞艇使用是氢气,氢气易燃易爆。在 1936 年之后几次大型飞艇失事后,加上飞机的迅速发展,飞艇在二战之前便退出了航空运输领域。

根据结构形式的不同,飞艇可以分为软式、半硬式和硬式三种。软式和半硬式飞艇的艇体形状靠气囊内的气体压力（压强）维持,要求充气压力始终略大于外界大气压力,故又称压力飞艇。

硬式飞艇由轻质且坚硬的物体组成骨架,该骨架能够保证飞艇不轻易发生形变,与骨架相连的是外部蒙皮。

半硬式飞艇靠调节内部气体压力实现外形的保持,同时也需要少量骨架组成。

现代飞艇一般都是软式飞艇,外形的保持是通过内部氦气压力实现。近些年,航空技术日新月异,飞艇重新回归大众视野,在空中勘测、摄影、广告、救生以及航空运动中经常出现飞艇的身影。

虽然与先进的现代飞机相比,飞艇速度慢,操作不便,受天气影响较大,但飞艇的优点是垂直起降、占用空间小、时间飞行长,悬停时间长、缓慢行进、能量消耗少、噪声小、污染小、经济性好,而且因为氦气的填充,安全性也比以前大大提高。

目前,飞艇仍然发挥着一定的作用,在巡逻摄影、吊装大型设备及空中广告等方面被广泛应用。随着旅游业的快速发展,现代载人飞艇凭借着其舒适的飞行体验、良好的经济性和安全性等优势,尤其适合开展空中旅游观光以及偏远地区客货运输等业务。

根据国内外低空旅游市场需求,依据中国民航局飞艇的型号合格审定要求,按照"一艇多型、系列发展"的设计思路,由航空工业所属航空工业特飞所自主研发的 AS700 载人飞艇产品于 2022 年 12 月 29 日,适航取证艇在漳河之畔首飞成功。AS700 载人飞艇(图 2.5)采用单驾驶体系,最大可载乘客 9 人。常规单囊体布局,流线型气囊外形,X 型布局硬式尾翼,不可收放单点式起落架。最大航程 700 千米,最大航时 10 小时。

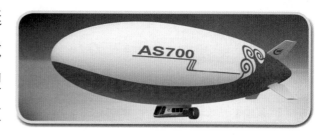

图 2.5 AS700 飞艇概念设计图
(中国航空工业集团有限公司效果图)

因此,世界各国又重新在飞艇的研发上投入资金,不断出现集成了前沿科技的飞艇,比如英国的"哨兵"系列、德国的 LZ-07、俄罗斯的"科学静力"系列以及中国的"中华号""上海达天 CA-80 型系列软式载人飞艇"等。

2.1.4 滑翔机

大多数滑翔机不依靠动力装置,属于重于空气的固定翼航空器。其有着多样化的起飞方式,比如飞机拖曳、绞盘车或汽车牵引,还可从高处滑行起飞。

在无风的条件下,滑翔机在下滑飞行中获得前进动力,这种从高处的无动力下滑飞行,被称为滑翔;遇到上升气流时,滑翔机可平飞或升高,类似老鹰空中展翅那样,通常称为翱翔。在有动力装置的飞机出现前,滑翔机是唯一可操纵的重于空气的载人飞行器。如图 2.6 所示为无动力滑翔机和有动力滑翔机。

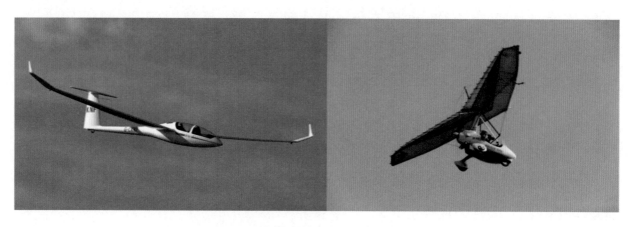

图 2.6 无动力滑翔机和有动力滑翔机

滑翔机具有与普通固定翼飞机显著不同的特点,其机翼狭长,机身更加细长,呈流线体。

滑翔机由 6 大部分组成,包括机身、机翼、尾翼、起落装置、牵引设备和操纵系统。①机身,是滑翔机的主体,用来连接滑翔机的各组成部分。机身的前部是供驾驶员乘坐的座舱,座舱内安装着滑翔机的各种飞行仪表和操纵系统等设备。②机翼,主要作用是产生升力,支撑滑翔机在空中滑翔。③尾翼,包括水平尾翼和垂直尾翼。水平尾翼包括水平安定面和升降舵。垂直尾翼包括垂直安定面和方向舵。④起落装置,由滑橇和轮式起落架组成,供滑翔机起飞、着陆、滑跑、停放和地面搬运之用。⑤牵引设备,包括释放器、弹射钩。⑥操纵系统,是滑翔机的"神经系统"。操纵副翼、升降舵和方向舵的系统,称为主操纵系统;操纵其他系统的称为辅助操纵系统。

在海边,有时候我们会看到有人驾驶一个大的滑翔伞在空中飞行(图2.7),这种滑翔伞被称为动力伞,也可以看作是动力滑翔机的一种类型,它是由滑翔伞加上动力装置做成的。

图 2.7　滑翔伞(天空滑翔伞中国)

现代滑翔机分初级滑翔机和高级滑翔机。前者主要用于训练飞行,后者主要用于竞赛和表演,有的还可以完成各种高级空中特技,如翻跟斗和螺旋等。现代的滑翔机主要用于体育运动、训练、竞赛及普及航空知识。

滑翔伞于 20 世纪 70 年代起源于欧洲。1978 年,法国的一位登山者利用一顶方形降落伞,从阿尔卑斯山上成功地飞降到山下。为此,许多登山爱好者纷纷效仿,并对降落伞进行进一步的改进,制造出了利用山坡地形起飞,能够在空中自由翱翔的滑翔伞。滑翔伞爱好者已经遍及世界各地。该运动于 20 世纪 80 年代末传入中国,由于它简单易学,费用低廉,且有较大的趣味性和娱乐性,成为广大体育爱好者喜欢的运动。中国疆土辽阔、山峦起伏,气候温和,很适合开展滑翔伞运动。中国已有大量滑翔伞飞行员进入世界排名行列,自由式跳伞高手张树鹏于 2009 年获世界滑翔伞定点锦标赛冠军。

2.1.5　飞机

飞机是目前世界上最主流也是大家最为熟知的航空器,它的特征是具有动力装置和固定机翼,因而有时候我们也会把飞机等同于固定翼航空器。

飞机按用途不同分为军用飞机和民用飞机。军用飞机主要包括歼击机、轰炸机、攻击机、电子战飞机、反潜机、侦察机、预警机、空中加油机、军用运输机、军用教练机、舰载飞机等。民用飞机泛指一切非军事用途的飞机,主要包括民用运输机(客机、客货机、货机)、公务飞机、农业飞机、体育运动飞机、试验研究机和其他专门用途的特种飞机等。民用客机通常分为干线客机和支线客机。

飞机的出现极大地促进了航空事业发展。在民用航空器中飞机的数量达到了超过 98% 的比例,在航空运输中飞机的数量和完成的任务都占了绝大部分。

除少数特定飞机以外,大多数飞机由机翼、机身、尾翼、起落架和动力装置五个主要部分组成,如图 2.8 所示。

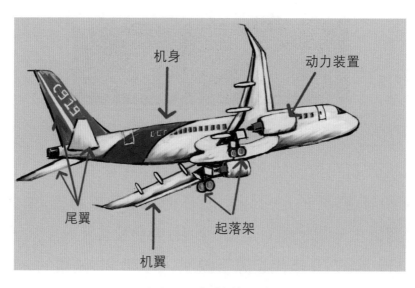

图 2.8　飞机结构示意图

2.1.6　旋翼航空器

旋翼航空器都有一个或多个旋翼,通过旋翼旋转获得升力。旋翼航空器常见的有直升机和自转旋翼机两种。

直升机是最常见的旋翼航空器,它获得升力的方式主要采用发动机驱动旋翼旋转,具备垂直起飞和降落的功能,航行方向由旋翼向某个方向的倾斜来控制。

直升机(图 2.9)可以垂直起飞降落,起降占用空间小,可空中悬停,机动性良好,因而在民用航空特别是在通用航空中发挥了重要作用。比如,直升机在医疗救护、地质勘探、农业飞行、森林防火、海上石油、吊装设备等方面有着无可比拟的优势。但与飞机相比,直升机也有如巡航距离短、速度小、维护和实用成本高,振动和噪声大,装载量小等缺点。

图 2.9　直升机(崔文斌 摄)

直升机以发动机驱动旋翼旋转作为升力和推进力来源,能垂直起落、悬停并能进行前飞、侧飞、后飞、定点回转等可控飞行的重于空气的航空器。

　　直升机上部安装有一副或几副有数片桨叶的旋翼,其旋转轴大体与机体竖轴一致。旋翼不仅提供升力同时也是直升机的主要操纵面。通过操纵系统,改变旋翼拉力及其俯仰、滚转力矩的大小和方向,从而实现直升机垂直、俯仰及滚转操纵。直升机前飞所需的前进力一般由旋翼拉力前倾所产生的水平分量来提供。旋翼拉力向左、右或后部倾斜可使直升机实现侧飞或后飞。改变旋翼拉力的大小可使直升机垂直飞行、起降或空中悬停。改变单旋翼直升机尾桨推力或多旋翼直升机进行差动操纵,可改变直升机航向。当发动机在空中停车后,直升机可以利用旋翼自转下滑,安全着陆。

　　自转旋翼机（图 2.10）和直升机最主要的区别在于其机身上方有一个巨大的旋翼,而旋翼是不提供动力驱动的。自转旋翼机后面装有一个独立的驱动螺旋桨,推动机身向前运动。由于旋翼和迎面来的气流的相互作用使自转旋翼机产生了升力,升上天空。

图 2.10　自转旋翼机

2.1.7　扑翼机

　　扑翼机的机翼能像鸟和昆虫翅膀那样上下扑动的重于空气的航空器。又称振翼机。扑动的机翼不仅产生升力,还可以提供向前的推动力。中国春秋时期鲁班就试图制造过能飞的木鸟,原理和现代的扑翼机相同。15 世纪意大利的达·芬奇也曾经绘制过扑翼机的草图。

1930 年，一架意大利的扑翼机模型进行过试飞。随后不断有人设计扑翼机方案，但受到控制技术、材料和结构方面的问题困扰。截至 21 世纪初，扑翼机仍主要停留在模型制作和设想阶段，扑翼机仍未有很好的商用价值。

根据是否载人，扑翼机可分为载人扑翼机和无人扑翼机。载人扑翼机又可以分为人力扑翼机和动力扑翼机。人力扑翼机更接近鸟类飞行，但技术上很难实现。即便是带动力的载人扑翼机，由于气动、结构和控制问题尚未完全解决，仍不实用。

当前比较知名的扑翼机主要有加拿大的"雪鸟"、德国的 FESTO 智能飞鸟等。扑翼机发展到现阶段仍然存在一定的局限性，暂时无法被广泛应用，只能特定环境、特殊要求条件下发挥作用。

微小型扑翼机发展迅速，但是仍存在运载能力小、抗风能力弱等不足，只能在有限的范围内使用。美国哈佛大学研制的"机器苍蝇"用碳纤维制成，机体重只有 80 毫克，翼展 3 厘米。飞行时，它每秒振翅 120 次，连续飞行时间超过 20 秒。扑翼机的形状与鸟类或昆虫相似，不易察觉，在情报侦察方面有很好的应用前景。同时，也有人研制逼真的仿鸟扑翼机（图 2.11），开展生态研究或机场驱鸟工作。

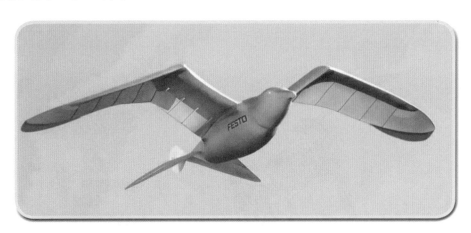

图 2.11　仿鸟扑翼机（费斯托公司研制的仿生海鸥概念图）

2.1.8　倾转旋翼机

倾转旋翼机兼具普通直升机垂直起降、空中悬停和涡轮螺旋桨飞机的高速巡航能力，是固定翼飞机和直升机相结合的新型飞行器，又被称为空中"混血儿"。

倾转旋翼机是旋翼飞行器的一种。它是在类似固定翼飞机机翼的两翼尖处各装一套可在水平位置与垂直位置之间转动的旋翼倾转系统组件,当飞机垂直起飞和着陆时,旋翼轴垂直于地面,呈横列式直升机飞行状态,并可在空中悬停、前后飞行和侧飞。

倾转旋翼机是一种高速、变性能旋翼航空器,它既能像直升机那样不需要机场就可以起飞着陆、空中落停,又具有比直升机快得多的巡航速度和较大的航程。例如,V-22"鱼鹰"倾转旋翼机速度可达到600千米/时以上,航程可达到3000千米以上。倾转旋翼机在巡航时一般以固定翼模式飞行,噪声要比直升机小;巡航飞行时,机翼产生升力,旋翼转速较低,相当于两副螺旋桨,耗油率比直升机低,综合考虑倾转旋翼机速度快、航程大、耗油量小,其运输成本要比直升机低。但倾转旋翼机低速飞行性能和悬行性能不如直升机,因此,倾转旋翼机不可能完全替代直升机。倾转旋翼机(图2.12)在军用方面适合执行兵员和装备突击运输、医疗救援、反潜等任务。在民用运输方面,由于其飞行速度与支线固定翼客机相近,可在没有机场的任何地区执行各种运输任务,成为现代空中运输网的组成部分。

图2.12 倾转旋翼机(刘军 摄)

2.2　民用飞机

用于非军事目的的飞机称为民用飞机。早期飞机在军用和民用之间没有明确的界限。一战结束后,部分军用飞机因其高额的维护保养费用,逐渐开始退出现役,被改装之后,作为运输邮件、货物和旅客的飞机。但是,民用飞机主要考虑的是运营的经济性,所以稍作改装之后的飞机还不能完全适应民用航空市场。随着科学技术的不断进步,集成了先进技术的飞机应用领域更为广泛,此时的飞机逐渐有了分类,军用和民用之间有了清晰的划分。

民用飞机作为一种交通工具,因其运人载物的特殊属性,安全性、经济性和舒适性被作为首要考虑因素。对旅客来说,生命安全永远放在第一位。

民用飞机在特殊时期也可以作为军用。海湾战争期间,美国曾发动民用飞机为军事服务。预警机、加油机等军用飞机通常由民用飞机改造而来。

如今,世界民航领域的客机主要是由美国的波音公司(Boeing)和欧洲的空中客车公司(Airbus)制造,绝大多数世界主流的国家和地区航空公司一般都选择这两家公司的产品作为其主力机型。其他航空制造业市场主要由巴西航空工业公司(Embraer)、加拿大庞巴迪公司(Bombardier)、俄罗斯联合航空器制造公司(UAC)、中国商用飞机有限责任公司(COMAC)等组成。

民用飞机分为商业飞机和通用飞机。

2.2.1　商业飞机

商业飞机也称为商用飞机、运输飞机,主要分为客机和货机两大类。干线客机一般指客座数大于 100、满载航程大于 3000 千米以上的大型客机;而支线客机指客座数在 100 以下,航行于中心城市与小城市及小城市与小城市之间的飞机,其航段距离一般在 200～400 千米。

1. 干线客机

干线客机用于国际航线和国内大城市间的航线上,多使用中远程的高亚声速旅客机。根据机身直径的不同,干线飞机可以分为窄体客机和宽体客机。

窄体客机是只有一个过道、每排不超过 6 个座位的客机,波音 737、空客 A320 都属于窄体飞机;宽体客机是有两个过道,每排可容纳 7~10 个座位的客机。世界上最早的宽体客机是波音 747,每排 10 个座位,采用 3—4—3 的布置方式。宽体客机载客量大,通常用于航空枢纽之间的飞行;窄体客机的座位数通常不超过 250 个,使用上更加灵活,其订单数量远高于宽体客机。

干线客机气动外形完善、机载设备先进,经济性好,载客量大,乘坐舒适。装有 2~4 台大推力的高流量比涡轮风扇发动机。采用大展弦比的后掠机翼和超临界机翼,以提高巡航速度和升阻比。机翼前后缘有高效率的增升装置,以提高载重量。飞机上有完善的通信、导航和其他监测管理设备,在机场导航设施的引导下具有各种程度不同的自动着陆能力,在复杂气象条件下和夜间都能安全起降,保证航班定期准时,同时也可以减少机组人员,降低运营费用。机身地板以上除头部驾驶舱外大部分为旅客舱,地板以下为行李舱或货舱。客舱内除增压、空调、座椅设备外,还备有厨房、卫生间等生活服务设施,以及电视音响设备,供旅客娱乐之用。干线客机通常需要在设备完善的大型机场起降。

20 世纪 50 年代,以美国的波音 707、DC-8、苏联的图-104 为代表的客机是第一代喷气式干线飞机。其特点运用了涡轮喷气发动机和后掠角的机翼,使飞机性能得到了明显提升,主要体现在巡航速度的提高和载客量的提升。

20 世纪 60 年代,以美国的波音 727、波音 737、DC-9,英国的"三叉戟",苏联的图-154 等为代表的一批飞机被认为是第二代干线飞机。其特点是装备低涵道比涡轮风扇式喷气发动机,降低油耗,提高中近程运营的经济性。

20 世纪 70 年代,以美国的波音 747、DC-10、欧洲的空客 A300B,苏联的伊尔-86 等为代表的一批飞机被认为是第三代干线客机。其主要特点是宽体、高涵道比大推力涡轮风扇发动机,可提供约 500 个旅客座椅。

20 世纪 80 年代,以美国的波音 757、767、欧洲的空客 A310,苏联的图-204 等为代表的一批飞机被认为是第四代干线客机。主要特点包括性能更为优越的发动机以及机身结构优化带来的良好的燃油经济性,不断提高世界各国航空公司的生产效率。

20 世纪 90 年代,第五代干线客机问世,最具代表性的是波音 777、空客 A330/A340 及图-96。

第五代干线客机的突出点便是宽体,可携带更多旅客,机身构造也开始通过增加翼梢小翼提高巡航经济性;采用推力大、耗油低、停车率低、排气污染少、噪声低及涵道比高达 7~9 的先进高涵道比涡扇发动机;大面积使用复合材料以减轻飞机重量;客舱更加注重人性化和舒适化;驾驶舱仍采用双人制驾驶舱,使用的电传操纵系统有所升级,将飞机的关键信息和参数都集成到更加先进和符合人机工程学的液晶显示器,减小飞行员在飞行过程中的总工作量。

20 世纪干线客机代表机型及主要特点如表 2.1 所示。

表 2.1　20 世纪干线客机代表机型及主要特点

年代 项目	20 世纪 50 年代	20 世纪 60 年代	20 世纪 70 年代	20 世纪 80 年代	20 世纪 90 年代
代表机型	波音 707、DC-8、图-104	波音 727、波音 737、DC-9	波音 747、DC-10、伊尔-86	波音 757、空客 A310,图-204	波音 777、空客 A330/A340
主要特点	运用涡轮喷气发动机、采用后掠角的机翼	装备低涵道比涡轮风扇式喷气发动机	装备高涵道比大推力涡轮风扇发动机	装备更为优越的发动机以及机身结构优化带来的良好燃油经济性	增加翼梢小翼、大面积使用复合材料

2. 支线客机

支线客机用于旅客流量较小的航线,航行于小城市之间或把旅客从小城市运往连接干线的大城市。航线的特点是短程,机场跑道短且设备较简单,因此要求支线客机起降滑跑距离短。由于客流较小,支线客机的载客量通常在 100 座以下。

早期的支线客机多为螺旋桨客机,巡航高度 4000 ~ 5000 米。20 世纪 80 年代以后,许多国家开始研制经济性更好的涡轮螺旋桨支线客机,如法、意研制的 ATR-42,瑞典和美国合作研制的 SF-340。90 年代,加拿大推出了 50 座 CRJ "喷气区域客机",巴西也推出了 ERJ 系列喷气式支线客机,从而使支线客机进入喷气时代。进入 21 世纪后,中国、俄罗斯、日本相继参加了支线客机的竞争,启动了 ARJ21、SSJ-100、MRJ 的研制工作。加拿大还启动了 C 系列飞机的研制,其最大载客能力达到 130 座。2017 年,空客公司购买了 C 系列飞机 50.01% 的股权,空客接管后,将 C 系列重新命名为 A220 客机。

从 20 世纪 60 年代至今,一般认为支线客机已经发展到第三代。

20 世纪 70 年代末以前的支线客机被视为第一代,以 DC-3、康维尔 440、F27、F28、BAe 748、肖特 330、DHC-6、DHC-7 等为代表。这些支线客机填补了航空发展初期支线运输的空白,主要是中小型涡轮螺旋桨式运输机和从航空支线上淘汰下来的活塞式运输机。

20 世纪 80 年代第二代支线客机投入市场,以"湾流"G-1C、肖特 360 和 ATP 及 DHC-8 等最具代表性。其主要特点包括飞机设计符合更高的航空适航标准;通过精准的风洞试验等不断提高飞机气动布局,复合材料大面积使用减轻机身重量;换装效率更高、噪声更小的发动机,使用和维护更加方便;电子显示系统和气象雷达的安装使飞机整体的安全性和稳定性更佳。

20 世纪 90 年代进入航线的支线客机被称为第三代支线客机,代表机型有 CRJ-900、ARJ21、新舟 600 和 ERJ145 等。其主要特点是可以在满足旅客座位需求的情况下把机身拉长或缩短;在机翼上安装翼梢小翼;结构上采用轻量化为主的材料;在动力装置上采用功重比(发动机功率与其重力之比)比第二代支线飞机更高、耗油率进一步下降的涡轮螺旋桨发动机和高速螺旋桨,航空经济性得到明显提升。为了满足更高的巡航速度,有的则换装涡轮风扇发动机,第三代涡轮风扇支线飞机的经济性比上一代提升 10% 以上,航电设备不断完善,可实现复杂天气条件下的着陆。

20 世纪支线客机代表机型及主要特点如表 2.2 所示。

表 2.2 20 世纪支线客机代表机型及主要特点

项目\年代	20 世纪 70 年代	20 世纪 80 年代	20 世纪 90 年代
代表机型	DC-3、康维尔 440、F27、F28、BAe 748、肖特 33	"湾流"G-1C、肖特 360、ATP、DHC-8	CRJ-900、ARJ21、新舟 600、ERJ145
主要特点	中小型涡轮螺旋桨式运输机、老旧活塞式运输机	更高的航空适航标准、复合材料大面积使用、安装电子显示系统和气象雷达	轻量化为主的材料、功重比更高和油耗低的涡桨发动机、高速螺旋桨发动机

由于在今后很长一段时间中支线客机的速度仍然会在亚音速或高亚音速之间,所以短时间内,其气动外形都会大同小异。除个别机型外,多数支线飞

机将以继承式的发展路线为主。未来的新支线飞机的发展主要体现在燃油经济性、安全性、可靠性、舒适性、环保性等方面。

强国需重器。大飞机是我国堪称大国、强国的重要标志之一，中国一定要具备自主研制能力，一定要有自己的强大航空运输能力。从 20 世纪 80 年代起，中国就开始大飞机的自主研发。然而受制于诸多因素，中国大飞机发展之路较为曲折。1970 年 8 月，代号为运-10 的民用飞机正式在我国立项。经过中国航空专家 10 余年的摸索前行，1980 年 9 月，中国人自主研制的第一架大型喷气式客机运-10 成功首飞。

2002 年，中国确定研发新型飞机 ARJ21，2007 年，大型客机 C919 研制项目启动。经过十余年的努力，ARJ21 最终通过了商用飞机研制、试验、运营的流程，在 2016 年正式投入航线运营。

2017 年 5 月 5 日，我国自主研制的第一款全面采用先进技术、具有完全自主知识产权的大型喷气式客机 C919 在上海浦东国际机场实现完美首飞，这标志着我国真正具备了研制现代干线飞机的核心能力，如图 2.13 所示。

图 2.13　国产 C919 客机（刘军 摄）

支线客机仍将向大型化的方向发展。喷气式支线客机的占比将加大；涡桨支线客机仍将占据一定市场，尤其在中低座级的支线客机市场，涡桨支线客机将继续保持优势。在技术方面,支线客机将越来越多地采用复合材料、电传操纵、高效发动机等技术,从而使飞机的经济性、环保性和舒适性不断提升。

3. 典型民用飞机

按照功能定位、尺寸大小等不同,主流的民用飞机大致可以分为三个大类。一是以波音 B737 系列、空客 A320 系列、C919 为代表的窄体客机;二是以波音 B777、B787 系列、空客 A330、A340 系列为代表的宽体客机;三是以波音 B747、空客 A380 为代表的超大型客机。

C919 大型客机是我国按照国际民航规章自行研制、具有自主知识产权的大型喷气式民用飞机。C 是 China(中国的英文名称)的首字母,也是商飞英文缩写 COMAC 的首字母,第一个"9"的寓意是天长地久,"19"代表的是中国首型中型客机最大载客量为190座。

C919 基本型混合级布局 158 座,全经济舱布局 168 座、高密度布局 174 座,标准航程 4075 千米,最大航程 5555 千米,经济寿命达 9 万飞行小时。

2015 年 11 月 2 日完成总装下线,2017 年 5 月 5 日成功首飞。2022 年 5 月 14 日 6 时 52 分,编号为 B-001J 的 C919 大飞机从浦东机场第 4 跑道起飞,于 9 时 54 分安全降落,标志着中国商飞公司即将交付首家用户的首架 C919 大飞机首次飞行试验圆满完成。12 月 9 日,编号为 B-919A 的 C919 全球首架机正式交付中国东方航空。12 月 26 日,全球首架 C919 国产大飞机开启 100 小时验证飞行之旅。2023 年 1 月 1 日,中国东方航空全球首架 C919 大型客机测试飞行。在完成各项试飞验证后,中国东航 C919 正式执飞商业航班。

除此之外,常见的单通道客机还有 80 座左右的支线客机,例如:巴西航空工业公司 ERJ 系列、庞巴迪宇航公司的 CRJ 系列以及中国商飞的 ARJ21 等。

空客 A320 系列飞机(图 2.14)是欧洲空客公司研制的双发中短程客机。主要分为 A318、A319、A320 及 A321 四种机型,其基本座舱配置相同,飞行员在驾驶以上四种机型时只需要接受相同的飞行训练就可以了。

图 2.14　空客 A320 系列飞机（刘军 摄）

A320 是一种真正创新的飞机,也是航程最远的单通道飞机,成为单通道飞机的标杆飞机,因为其出色的飞行性能和燃油经济性,目前仍是世界各国航空公司的主力机型。根据座椅数需求的实际情况,后来空客公司先后研发了 A321、A319、A318 等。

空客的航空设计师对 A320 系列客机的设计理念为"新",飞机上集成了欧洲各种前沿技术,其中包括机身材料、航电设备等,同时也是民航史上第一种采用电传操纵系统的亚音速民航运输机。

空客 A320neo 系列是在前款的基础上升级改进而来的,配备了更高科技的航空发动机,优化了气动布局,相比老款机型,A320neo 明显提升了燃油经济性。

A320 系列飞机在全球各个国家的航空公司取得较好的口碑,几乎在任何机场都能看到它起降的身影,A320 系列飞机在中国航空市场也占有举足轻重的地位。

波音 737 飞机是波音公司生产的双发中短程运输机（图 2.15）。它从 1964 年 5 月开始研制,时隔 3 年后进行了首次试飞并取得适航证,1968 年投入航空市场。

图 2.15　波音 737 飞机（刘军 摄）

波音 737 飞机基本型为 B737-100 型。传统型 B737 共有 100、200、300、400、500 型五种。

1993 年 11 月，新一代波音 737 项目正式启动，主要分为 600、700、800、900 型四种，出色的性能让它迅速获得了市场的认可。

2000 年 1 月，波音 737 成为历史上第一种累计飞行超过 1 亿小时的飞机。

波音 737MAX 是波音 737 系列的新型机，集成了历代 737 飞机的优势，通过换装新研发的发动机，让其巡航性能提升到了新的高度。首架飞机于 2015 下线亮相，次年成功进行首飞。

空客 A330 飞机（图 2.16）是欧洲空中客车工业公司于 1986 年开始研制的先进双通道宽机身客机，在 1992 年首飞。

图 2.16　空客 A330 飞机模型

　　A330 系列共有三种型号,两种全客机型号 A330-200、A330-300,一种全货机型号 A330-200F。空客 A330 飞机作为当代最成功的双通道宽体飞机之一,在各国航空市场中获得好评。

　　A330 集成了大量高科技,如电传操纵和多功能座舱显示装置,通过采用先进机翼、更加高效的发动机及大量的复合材料,使用和维护成本都有所降低。A330 在高原航线中的表现可圈可点。我国四川航空公司的川藏机队配备了多架 A330 机型,主要用于高原航线或高高原航线的飞行。

　　空客 A340 飞机（图 2.17）的设计类似于 A330,不同的是 A340 具有四个发动机,起初是为了同早期的波音 747 竞争,而后则是主要与波音 777 竞争远程客机市场。

图 2.17　空客 A340 飞机模型

　　在波音 747-8 出来之前,A340 系列中的 A340-600 型曾是世界上机身最长的民航飞机。2011 年,随着航空市场的细分和变化,空客决定并宣布停产 A340 系列飞机,取而代之的是 A350。

　　波音 777 系列（图 2.18）是由波音公司制造的一款双发长程宽体客机,很长一个时期内是全球最大的双发宽体客机,其直接竞争对手是空中客车 A330-300、A340 和 A350 系列飞机。1990 年启动,1994 年首飞,1995 年 5 月 30 日获准 180 分钟双发延程飞行。波音 777 驾驶舱采用了最新技术的平面液晶显示系统、数字驾驶舱技术,保留了驾驶盘而没有采用侧向操纵杆。

图 2.18　波音 777 飞机模型

　　波音 777 完成了航空史上最复杂的飞行试验项目,证明了波音 777 是最成功的远程机型。波音 777 亦是首个完全采用 CAD 立体绘制技术所设计的机型,因此不需要原型机,所有的 777 均是量产机型。仍在交付的型号有延程型 777-200ER、777-300ER、远程型 777-200LR、货机型 777F 及最新型号 777X。

　　全新波音 777X(图 2.19)将是一个时期内世界上最大、效率最高的双发飞机,各方面的性能都无与伦比。凭借空气动力技术和发动机技术的新突破,777X 的油耗、排放以及运营成本都将比竞争机型降低 10%。2020 年 1 月 25 日,波音 777X 于当地时间上午 10 时 9 分从埃弗雷特的佩恩机场起飞,经过 3 小时 51 分钟的飞行后降落,成功完成了首次试飞。

　　波音 777X 采用全新的折叠式翼尖段设计,这在大型民用客机尚属首次。折叠式翼尖段设计可以使翼展增大 6m(21ft),使机翼获得了更加理想的性能,使飞机获得最大的效率。波音 777X 飞机的长度是 76.72 米,而空中客车 A380 飞机长 73 米、波音 747-8 飞机长 76.3 米。

图 2.19　波音 777X 飞机（波音中国）

　　波音 787 又称"梦想客机"，是具有代表性的中型双发宽体中远程运输机，于美国时间 2009 年 12 月首飞，次年投入航空市场，作为波音 767 系列飞机的替换机型，它集成了当时众多的前沿科技，主要为更加高效的发动机、大比例的复合材料、超临界机翼等新技术。其优点主要为功耗低、排放低、经济性高及客舱环境舒适，可实现更多的点对点不经停直飞航线，以及较低噪声、较高可靠度、较低维修成本。

　　波音 787（图 2.20）全新设计的客舱被波音称作"天空内饰"，从内到外散发着科技之美，让乘客的体验更加舒适。目前共有三种型号，基本型 787-8，加长型 787-9/787-10。

图 2.20　波音 787 飞机（刘军 摄）

　　空客 A380 飞机系列（图 2.21）是欧洲空客公司研发的双层四发、巨型客机,号称"空中巨无霸",民航飞机载客量之最,从多个维度打破了波音 747 的多项纪录,撼动了波音 747 的"霸主"地位。尽管如此,在最大起飞重量上还是要比苏联安东诺夫设计局研发的安-225 运输机少。

图 2.21　空客 A380 飞机（刘军 摄）

　　A380 飞机被看作是现代飞机的标志,如今 A380 平均每天执飞 300 多架次商业航班,相当于全球平均每 4 分钟就有一架 A380 飞机在起降。

　　A380-800 是其基本型,也是唯一交付运行的型号。三舱布局下可搭载

525 人,最大航程 15700 千米。曾经,每一家航空公司都是以拥有一架 A380 作为自己的明星航线用来宣传。2021 年,A380 因能力过剩正式宣告停产,十五年来累计制造了 251 架,但从经济角度而言,尚未收回成本。

波音 747(图 2.22)是一款双层宽体四发商用客机,该系列飞机是全世界最容易识别的飞机之一,1969 年首飞,至空客 A380 飞机投入运营之前,波音 747 保持着世界载客量最高的民航飞机纪录长达 37 年,发展至第五代,最后一个生产型号是波音 747-8。2023 年 2 月 1 日,最后一架波音 747-8F 交付,至此,波音 747 正式停产。

图 2.22　波音 747 飞机(刘军 摄)

由于波音 747 的高辨识度以及庞大的体积,也被许多国家采购作为其国家元首专机,著名的有美国空军一号、中国国航 B-2472 号机等。

波音 747-8 于 2005 年发布,由波音 747-400 型加长而来,取代 A340-600 成为世界上最长的商用飞机,采用了大量为波音 787 飞机所开发的技术,如机翼、发动机等,最大航程 15000 千米,是市场上最具燃油经济性的巨型客机。

2.2.2　通用飞机

《中华人民共和国通用航空飞行管制条例》中对通用航空的规定:通用航空就是指除军事、警务、海关缉私飞行和公共航空运输飞行以外的航空活动,包括从事工业、农业、林业、渔业、矿业、建筑业的作业飞行和医疗卫生、抢险救灾、气象探测、海洋监测、科学试验、遥感测绘、教育训练、文化体育、旅游观光等方面的飞行活动,用于这些活动的飞机称为通用飞机。

通用飞机的用途广泛,涉及农林业撒种、施肥、灭虫、防火;地质勘探、国土测绘;气象和海洋监测;抢险救灾、医疗快速转运救护、城市消防;航空快递;航空摄影、航空体育、飞行表演、空中观光;高压巡线、海上石油平台人员物资运送;公务飞行、私人飞行、学员飞行训练;等等。而公务飞行、私人飞行、学员飞行训练,占全部通航飞行小时数最多,全球平均在70%以上。

截至2021年年底,全世界通用飞机的数量约45万架,主要集中在美国、加拿大、法国、巴西、德国、英国、澳大利亚等国家,其通用飞机存量合计为约36万架,占全球比例约八成,其中美国占到接近一半比重。截至2023年1月,我国在册的全国通航企业通用航空器数量达到3378架[①]。其中,经营性通航企业2786架,非经营性通航企业592架,经营性通航企业各作业项目中,商用驾驶员执照培训项目占比最大。

国外通用航空器的制造商集中在欧美国家,主要厂家有美国塞斯纳飞机公司、美国西锐飞机设计制造公司、奥地利钻石公司、德国Ikarus公司、意大利泰克南公司等。典型机型包括:C172、SR22、DA40、C42、P2006T等,如图2.23~图2.27所示。

图2.23　C172四座飞机

---

① 通航动态,中国航空运输协会,2023年第14期。

图 2.24　SR22 四座飞机

图 2.25　DA40 四座飞机

图 2.26　C42 双座飞机（飞机之家）

图 2.27　P2006T 四座飞机（飞机之家）

　　我国通用航空器在数量不断增加的同时,国产通用航空器的研发制造能力也在不断提高,特别是用于抢险救灾的大型通用航空器的研发取得积极进展。我国通用航空器制造商主要包括：中航通用飞机有限责任公司、中电科芜湖钻石飞机制造有限公司、湖南山河科技股份有限公司、辽宁锐翔通用飞机制造有限公司等。典型机型包括：小鹰 500、海鸥 300、阿若拉、RX1E、RX1E-S、RX4E 等,如图 2.28 ~ 图 2.33 所示。

图 2.28　小鹰 500

图 2.29　海鸥 300

图 2.30 阿若拉
（刘军 摄）

图 2.31 RX1E 双座电动飞机

图 2.32 RX1E-S 电动
水上飞机（通航圈）

图 2.33 RX4E 电
动四座飞机（环
球时报）

1．空中救援

大型城市的消防部门逐渐配备消防飞机，通过消防飞机对起火的高层进行灭火救援，同时，直升机还在人员救助等方面具有良好的优势，如图 2.34 所示。

图 2.34　空中救援（刘军　摄）

2．农林喷洒

航空喷洒（撒）主要在飞机植保作业中发挥作用。通过装载喷洒（撒）设备在不同地域和不同环境下，根据需要对地面上的树木和农作物洒（撒）药水或肥料等（图 2.35），在农林作业中成为不可或缺的一部分，主要包括平原地区播种、施肥、除草，以及森林防治病虫害、草原灭鼠等。

3．森林灭火

森林灭火一般使用飞机、直升机和专用仪器设备并配备专业人员，在林区实施林火消防以保护森林资源的作业飞行为主，它具有机动灵活快速高效等优点，是森林防火的重要手段（图 2.36），主要作业项目有巡护飞行、索降灭火、机降灭火、喷液灭火、吊桶灭火等。

图 2.35　农林喷洒（飞机之家）

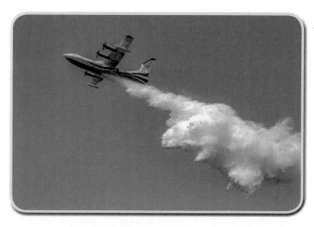

图 2.36　森林灭火（刘军 摄）

4. 空中游览

空中游览指游客搭乘航空器（飞机、直升机、飞艇、气球）在特定地域上空进行观赏、游乐的飞行活动，如图 2.37 所示。

图 2.37　空中游览（崔文斌 摄）

5. 航空摄影

航空摄影是将航空器作运载工具，通过搭载不同类型的摄影装备和成像仪等实施对地面的摄影和观测，获取地球地表反射、辐射以及散射电磁波特性信息的方法。广泛用于测绘地图、地质、水文、矿藏和森林资源调查、农业产量评估及大型厂矿和城镇的规划、铁路、公路、高压输电线路和输油管线的勘察选线、气象预报和环境监测等，也可用于航空侦察、新闻报道和拍摄电影、电视片（图2.38）。

图 2.38　航空摄影（崔文斌　摄）

6．人工降雨

人工降雨（图 2.39）是在降水不足的条件下，通过降雨催化剂，达到地域性降水目的。需要同时满足两个要求：一是天空中的云系需要满足降水的要求；二是有催化剂的凝聚作用。人工降水就是依靠催化剂的凝聚核作用，加大云中水滴直径，在云层气流发生强烈对流作用下，迅速形成雨或雪。如果采用飞机作为催化剂的载体，那该飞机的升限高度应满足相应的要求，至少在4000 米以上，而且必须能够装载气象雷达和相关的供氧设备。

图 2.39　人工降雨作业（孙啸申　摄）

7. 飞行表演

飞行表演（图2.40）是指使用航空器,遵照运动规则,由国家航空运动管理机构组织的,以展示飞机性能、飞行动作技能、普及航空知识和满足观众观赏为目的而开展的飞行活动。

图2.40 飞行表演队（崔文斌 摄）

2.2.3 无人机

1. 无人机的概念

无人机最早出现于20世纪初,它的出现与第一次世界大战有关,用于军事用途,当时指不需要驾驶员登机驾驶,而用无线电操纵的小型飞机。在经历了近一个世纪的发展后,无人机正在军事和民用的广阔领域发挥日益重要、甚至是不可替代的作用。

随着技术的发展进步,无人机的名称也发生着变化,光典型的英文缩写就有 UA (unmanned aircraft)、UAV (unmanned aerial vehicle)、UAS (unmanned aircraft system)、RPA (remotely piloted aircraft) 等,中文名称则有无人机、遥控驾驶航空器、无人驾驶航空器等。中英文名的字面不同,带来的意义及内涵也略有不同。根据《无人驾驶航空器系统术语》(GB/T 38152—2019)和《民用无人机唯一产品识别码》(GB/T 41300—2022)中的定义：无人系统主要包含能够自主或通过远程操控完成指定任务的无人飞行器、无人舰船、无人潜器等,最先应用于军事领域,其后广泛应用于民用领域并呈现螺旋式的发展趋势。广义地看也包括临近空间飞行器(20 ~ 100 公里空域),如平流层飞艇、高空气球、太阳能无人机等。从某种角度来看,无人机可以在无人驾驶的条件下完成复杂空中飞行任务和各种负载任务,可以被看作"空中机器人",如图 2.41 所示。

图 2.41　新型无人机

无人机是新一代电子信息技术与航空工业技术深度融合的产物,是自动化、智能化、网络化的重要载体,也是全球战略性新兴科技的热门发展方向之一。现代无人机综合了自动驾驶、人工智能、数据分析等高新技术,无论是在辅助交通、商业运作、物流运输,还是在航拍摄影、农业植保、深空探测,都展现出巨大的应用价值和发展潜力,受到了世界各国的重视。截至 2022 年年底,我国无人机运营企业 1.3 万家,年产值达到 1070 亿元,已注册无人机 83.2 万架,无人机数量较 2020 年增长 60.9%,我国无人机行业正处于快速增长期。随着国家推动网络强国、数字中国建设,智慧政务新基建将迎来产业爆发期,智慧交通、社会综合治理、智慧安防及智慧应急等方向市场需求巨大,预计"十四五"期间高端智能装备市场需求将数倍增长。

2．无人机分类

按照不同平台构型来分类，无人机可主要有固定翼无人机、无人直升机和多旋翼无人机三大平台，其他小种类无人机平台还包括伞翼无人机、扑翼无人机和无人飞船等。

固定翼无人机是军用和多数民用无人机的主流平台，最大特点是飞行速度较快；无人直升机是灵活性最强的无人机平台，可以原地垂直起飞和悬停；多旋翼（多轴）无人机是消费级和部分民用用途的首选平台，灵活性介于固定翼和直升机中间（起降需要推力），但操纵简单、成本较低。

按不同使用领域来划分，无人机可分为军用无人机、民用无人机和消费级无人机三大类，对于无人机的性能要求各有偏重。

（1）军用无人机对于灵敏度、飞行高度速度、智能化等有着更高的要求，是技术水平最高的无人机，包括侦察、诱饵、电子对抗、通信中继、靶机和无人战斗机等机型。

（2）民用无人机一般对于速度、升限和航程等要求都较低，但对于人员操作培训、综合成本有较高的要求，因此需要形成成熟的产业链提供尽可能低廉的零部件和支持服务，目前来看民用无人机最大的市场在于政府公共服务的提供，如警用、消防、气象等，占到总需求的约70%，而我们认为未来无人机潜力最大的市场可能就在民用，新增市场需求可能出现在农业植保、货物速度、空中无线网络、数据获取等领域。

（3）消费级无人机一般采用成本较低的多旋翼平台，用于航拍、游戏等休闲用途。

3．无人机系统构成

典型的无人机系统由飞行系统、任务载荷、地面保障三大系统组成。无人机系统一般包括一个地面控制站，两个遥控接收站，一个发射架系统与回收系统，3~12个无人飞行器和相应的无人机操控员。无人驾驶航空器（unmanned aerial vehicle，UAV）是指不携载操作人员、由动力驱动、可重复使用、利用空气动力承载飞行、可携带有效载荷、在远程控制或自主规划的情况下完成指定任务的航空器。无人机飞行系统包含动力推进、导航、飞控、机体、遥控遥测系统机载部分等,是整个无人机的核心组成,决定无人机的性能;任务载荷包含监视与侦察设备、目标识别设备、通信设备、电子战器材、弹药武器等,决定无人机的使用用途;地面保障系统包含地面系统和使用人员,确保无人机在飞行过程中与地面控制人员保持通信,形成稳定的闭环通信。

4．无人机技术难点

（1）飞控系统是无人机的"驾驶员"——更精确、更清晰

飞控子系统是无人机完成起飞、空中飞行、执行任务和返场回收等整个飞行过程的核心系统,飞控对于无人机相当于驾驶员对于有人机的作用,是无人机最核心的技术之一。飞控一般包括传感器(包括角速率、姿态、位置、加速度、高度和空速等)、机载计算机和伺服作动设备三大部分,实现的功能主要有无人机姿态稳定和控制、无人机任务设备管理和应急控制三大类。

（2）导航系统是无人机的"眼睛",多技术结合是未来方向

导航系统向无人机提供参考坐标系的位置、速度、飞行姿态,引导无人机按照指定航线飞行,相当于有人机系统中的领航员。无人机载导航系统主要分非自主（GPS 等）和自主（惯性制导）两种,但分别有易受干扰和误差积累增大的缺点,而未来无人机的发展要求障碍回避、物资或武器投放、自动进场着陆等功能,需要高精度、高可靠性、高抗干扰性能,因此多种导航技术结合的"惯性＋多传感器＋GPS＋光电导航系统"将是未来发展的方向。

（3）动力系统,涡轮有望逐步取代活塞,新能源发动机提升续航能力

不同用途的无人机对动力装置的要求不同,但都希望发动机体积小、成本低、工作可靠。

① 无人机目前广泛采用的动力装置为活塞式发动机,但活塞式只适用于低速低空小型无人机。

② 对于一次性使用的靶机、自杀式无人机或导弹,要求推重比高但寿命可以短（1～2 小时),一般使用涡喷式发动机。

③ 低空无人直升机一般使用涡轴发动机,高空长航时的大型无人机一般使用涡扇发动机（美国全球鹰无人机重达 12 吨）。

④ 消费级微型无人机（多旋翼）一般使用电池驱动的电动机，起飞质量不到100克、续航时间小于1小时。

随着涡轮发动机推重比、寿命不断提高、油耗降低，涡轮将取代活塞成为无人机的主力动力机型，太阳能、氢能等新能源电动机也有望为小型无人机提供更持久的生存力。

（4）数据链是"放风筝的线"——从独立专用系统向全球信息栅格过渡

数据链传输系统是无人机的重要技术组成，负责完成对无人机遥控、遥测、跟踪定位和传感器传输，上行数据链实现对无人机遥控、下行数据链执行遥测、数据传输功能。普通无人机大多采用定制视距数据链，而中高空、长航时无人机则都会采用视距和超视距卫通数据链。

现代数据链技术的发展推动着无人机数据链向着高速、宽带、保密、抗干扰的方向发展，无人机实用化能力将越来越强。往前看，随着机载传感器、定位的精细程度和执行任务的复杂程度不断上升，对数据链的带宽提出了很强的要求，未来随着机载高速处理器的突飞猛进，预计几年后现有射频数据链的传输速率将翻倍，未来在全天候要求低的领域可能还将出现激光通信方式。

2.3 军用飞机

军用飞机是空军的"战车"，也是现代战争中获得制空权的重要装备。它不仅能单独进行空战、轰炸地面目标，还能与陆军、海军协同作战。军用飞机种类很多，有歼击机、轰炸机、攻击机、预警机、侦察机等。军用飞机可携带导弹、火箭、炸弹和鱼雷，加装航炮等武器，用于攻击空中、地面、水面或水下目标。

世界主要军用飞机制造商有：中航工业、洛克希德马丁公司、雷神科技、诺斯罗普·格鲁曼、波音公司、通用动力公司等。

2.3.1 战斗机

战斗机是指在空中消灭敌机和其他飞航式空袭兵器的军用飞机。它的功能主要是通过空中格斗的方式夺取制空权，也可以用来震慑和拦截其他轰炸机,取得军事上的空中优势,还可以利用自身携带的武器实施对地、对水目标的精确打击。它凭借火力强、速度快、机动性能优越等特点,成为空军的主力机型之一。代表飞机有 F-16、F-35、苏-27、苏-35、歼-20 等,如图 2.42 和图 2.43所示。

图 2.42　F-35 歼击机（刘军 摄）

图 2.43　苏-35 多用途歼击机（崔文斌 摄）

2.3.2　轰炸机

轰炸机是指通过携带各类爆炸性武器对地、对水目标实施打击的飞机。轰炸机的主要优势在于航程远、载弹量大、隐蔽性好等，是军用飞机的核心之一。

轰炸机可以按起飞重量、载弹量和航程不同大致分为轻型轰炸机、中型轰炸机和重型轰炸机三类。重型轰炸机起飞重量在 100 吨以上，航程 7000 千米以上，载弹量超过 10 吨。1945 年美国在日本广岛及长崎投掷原子弹时就是由美国的 B-29 轰炸机完成的。代表飞机有 B-52、B-2、图-95、轰-6K 等，如图 2.44 和图 2.45 所示。

图 2.44　B-2 隐形战略轰炸机（刘军 摄）

图 2.45　B-52 轰炸机（刘军 摄）

2.3.3　强击机

强击机是指对低空、超低空突击敌战术或浅近战役纵深内的目标进行打击，直接支援地面部队作战的飞机。它在摧毁敌方的防御工事、坦克、机场、雷达和交通枢纽等重要军事目标中发挥着重要作用。代表飞机有 A-10、苏-25、米格-27、强-5（图 2.46）等。

图 2.46　强-5 攻击机（崔文斌　摄）

2.3.4　预警机

预警机主要在空中或海上用于搜索、监视目标，对己方飞机执行飞行任务的其他军用飞机进行指挥引导，更像"高空的魔眼"。预警机上装有雷达和电子侦察设备，作战时可迅速飞往作战地区，进行警戒和引导己方飞机作战，平时可在国界或公海上空巡逻，侦察敌方动态，防备敌方突然袭击。预警机通常由大型运输机改装而成，在现代战争中不可或缺。代表飞机主要有"费尔康"、E-2"鹰眼"、E-3"望楼"（图 2.47）、A-50"中坚"、瑞典 S-100B"百眼巨人"、中国"空警-2000"（图 2.48）等。

图 2.47　E-3"望楼"预警机（崔文斌　摄）

图 2.48　"空警-2000"预警机（崔文斌　摄）

2.3.5　侦察机

　　侦察机在军事领域相当于空中情报员,专门用于从空中获取地面和海上情报,是现代战争中获取敌方军事情报的途径之一,其最大的优点就是升限高、速度快。根据侦查任务和范围不同,可分为战术侦察机和战略侦察机,机上一般装有航空照相机、雷达、电视和红外侦察设备等。有的还装有武器用于自卫和攻击,甚至还装有电子干扰系统,防止其他飞机的侦察。代表飞机有美国的全球鹰（图2.49）、SR-71"黑鸟"（图2.50）、U-2"黑寡妇"，中国的"翼龙""翔龙""彩虹"（图2.51）等。

图 2.49 全球鹰无人侦察机（环球网）

图 2.50 SR-71"黑鸟"侦察机 3D 数模图纸（Solidworks 设计）

图 2.51 "彩虹"侦察机(刘军 摄)

2.3.6 运输机

运输机的作用主要是运送军事人员、武器装备和其他军用物资,特点是载重大,具备长时间、远距离的续航能力,在实施空运、空降和空投方面具有很大优势,能够保障地面部队从空中实施快速机动,按功能可分为战略运输机和战术运输机。典型飞机有运-12、运-20(图 2.52)、C-130、图-154、C-5、C-17、An-225(图 2.53)等。An-225"梦想式"运输机由苏联时代的安东诺夫设计局开发,最大起飞重量超过 600 吨,是超大型军用运输机。

图 2.52 运-20 运输机(李进忠 摄)

图 2.53　An-225"梦想式"运输机（刘军 摄）

2.3.7　加油机

加油机主要在高空为其他军用飞机提供燃料补给，是一个不折不扣的"空中补给站"，使其他飞机免去落地加油流程，增加续航里程，延长续航时间，增加有效载重，提高远程作战能力。空中加油机主要由大型运输机或战略轰炸机改装而成。20 世纪 80 年代初，美国研制了新型的 KC-10A 空中加油机，该机在海湾战争中曾受到广泛关注。代表性飞机有运油-20（图 2.54）、KC-10、KC-135、伊尔-78 等。

图 2.54　运油-20 空中加油机（崔文斌 摄）

2.3.8　电子对抗飞机

电子对抗飞机又称为电子干扰机,是通过携带电子干扰设备对敌方的雷达和通信设施进行干扰的军用飞机。电子对抗飞机的任务主要是通过告警、施放电子干扰、对敌地面搜索雷达和制导雷达进行反辐射攻击等方式,掩护己方航空兵部队顺利进行截击、轰炸等作战任务。

根据任务种类的不同,电子对抗飞机主要分为三种:电子干扰机、电子侦察机、反雷达飞机(又称反辐射攻击飞机)。主要机型有美国 EF-111A、P2V-7U,中国运-9、歼-16D(图 2.55)等。

图 2.55　歼-16D 电子对抗飞机(刘军 摄)

2.3.9　舰载机

舰载机是指在航空母舰上起降的飞机,其性能决定航空母舰的战斗力,其数量越多实力越强。舰载机能够在不同环境下实施对空、对地以及水下目标的打击,兼具预警、侦察、巡逻、护航、布雷、扫雷、补给、救护和垂直登陆等任务。

舰载机是海军的核心武器装备之一。在对海战争中发挥着无可比拟的作用。

按照分类方式可以分为多种类型,按任务种类分为歼击机、强击机、反潜机、预警机、侦察机和电子对抗飞机等。按起降方式不同可分为普通舰载机,舰载垂直／短距起落飞机和舰载直升机。

主要机型:中国歼-15(图 2.56)、美国 F-14"雄猫"歼击机、F/A-18"大黄蜂"歼击机、A-7E"海盗"攻击机、A-6E"入侵者"攻击机、S-3B"北欧海盗"反潜机、F-35B。

图 2.56　歼-15 舰载机

2.3.10　水上飞机

水上飞机是指能在水面上起飞、降落和停泊的飞机,其主要用于海上巡逻、反潜、救援和体育运动、旅游、通勤、航拍等。

水上飞机按栖力类型可分为水栖飞机和水陆两栖飞机,水栖飞机又分为飞行艇和浮筒飞机。例如,中国 1976 年首飞的水轰 5 只能在水上起降,然后像鳄鱼一样爬回岸上基地,其继任者 2016 年总装下线的蛟龙-600 是两栖飞机。

水上飞机分为船身式(即按水面滑行要求设计的特殊形状的机身)或浮筒式(把陆上飞机的起落架换成浮筒)两种。

主要机型：中国 AG600（图 2.57）、美国"云杉鹅"H-4、俄罗斯别 -200、日本 US-2 等。

图 2.57　AG600 水上飞机

2.4　未来飞机

100 多年来，航空业见证了无数突破性的科技进展，在接下来的 20 年到 40 年内，随着航空业第二个 100 年的展开，相信会有更多的新技术和新应用正在研制，我们应该能够创造出更先进、更梦幻的飞机。下面我们就一起看一下未来的飞机长什么样吧。

2.4.1　新能源飞机

新能源飞机是使用氢能、电能、可持续航空燃料等能源的飞机，相比传统燃油飞机，能够大幅减少碳排放。

近年来，全球范围内兴起新能源飞行器技术发展热潮。据不完全统计，截至 2022 年 9 月，全球约有 300 个在研新能源飞行器项目，主要集中在美国、欧洲和中国。电动垂直起降飞行器（electric vertical take-off and landing，电动垂直起降飞行器）和通勤飞机型号完成首飞并取得适航认证,电动 / 混动涡桨干线飞机进入原型机制造或地面测试阶段,更大的新能源干 / 支线飞机开始方案设计和技术论证。空客 ZEROe、英国政府 FlyZero、欧盟“氢能航空 2050”等计划均提出要在 2035 年前将氢动力支线飞机投入市场,2050 年前实现氢动力干线飞机的大规模应用。

20 到 80 座的混合动力涡桨支线飞机是未来五到十年内值得优先发展的新能源飞机,采用氢燃料电池 / 储能电池与传统航空煤油混合动力,以新舟 60、新舟 700、运-12 等型号为原型进行设计和改进。

1.超音速绿色飞机

航空设计师设计出了速度达到 1.6 马赫的超音速绿色飞机（图 2.58）。这种新飞机的变循环引擎将会大大提高飞机的飞行效率。倒 V 字尾翼和后翼引擎能很大程度地消除音爆。同时,新型发动机燃料燃烧产生的氮氧化合物污染物排放减少约 75%,是一种环境友好型的新型飞机。

图 2.58　超音速绿色飞机

2.电动飞机

电动飞机技术是一项跨时代的高新技术。电动飞机和电动汽车的发展轨

迹类似,改变了传统的飞机设计思想。以锂电池、氢燃料电池、太阳能为能源,电动机为动力。

从飞机绿色环保、高效节能的理念出发,优化飞机总体设计,极大地提高了飞机的可靠性、环保性、舒适性和维修性。未来随着人们对环境保护意识的提升、对清洁蓝天的渴望和新鲜的空气需求,电动飞机一定会迎来更广阔的发展空间。

近年来,在全球范围内兴起了电动飞机技术研发热潮,截止 2022 年底,全球约有 700 个在研的电动飞机项目。我国的电动飞机研发工作,几乎与欧美等航空强国同时起步,3 个型号电动飞机(RX1E、RX1E-A、RX1E-S)获得型号合格证、生产许可证,其中 RX1E 双座电动飞机是世界首款取证的电动飞机,飞行小时数位居世界第一,如图 2.59 所示。

图 2.59　我国自主研发的电动飞机(中国新闻网)

2.4.2　新原理飞机

新原理飞机主要指地效飞机。地效飞机(图 2.60)是借助于地面效应原理,贴近水面(或地面)实现高速航行的运载工具。与相同排水量的船艇相比,它巡航速度更好,主要是由于在飞行中于水面或地面之间隔了一层空气,巡航中的阻力也就自然而然地减小了,与常规的飞行器相比,装载量大是其独特优势。

图 2.60　地效飞机（俄罗斯卫星通讯社）

2.4.3　新结构飞机

随着对空气动力学研究的深入,可以有效提高飞行性能的新结构飞机也在不断涌现。比如蝙蝠形飞机、菱形飞机等。

1．蝙蝠形飞机

单从结构上就能看出蝙蝠形飞机（图 2.61）的与众不同,有两个大翅膀,外形酷似蝙蝠,它的优点主要是速度快、动力消耗小、低噪,内部空间较大。传统飞机由于机身和机翼与空气的巨大摩擦,因此噪声很大。这种飞机在外观上采用了新颖的翼身融合技术,取消了垂直翼,飞行更为稳定,机翼两侧各配备的小方舵能够减少与气流的摩擦,解决了机翼的抖动问题。

2．菱形飞机

菱形飞机（图 2.62）是一种可以"横向飞行"的超音速飞机,这款飞机有点儿像菱形飞镖,外形独特。有一对长机翼,机尾呈尖锥形。一旦飞机进入超音速状态,飞机就会水平旋转 90°,机头和机尾成了机翼,原本的机翼变成机身向前飞行。

图 2.61 蝙蝠形飞机（中国军网）

图 2.62 菱形飞机

　　未来飞行时代充满着无限可能,如果说我们描述的就是未来百年的飞行时代,那么过去百年的航空历程告诉我们:未来的飞行时代,也许远比我们想象中的更值得期待。

本章小结

　　本章共包括初识航空器、民用飞机、军用飞机和未来飞机四部分内容。在初识航空器一节中,介绍了航空器的分类,对航空器有了更深刻的认识;军用飞机和民用飞机两节则介绍了目前主流的军用飞机和民用飞机机型;最后在未来飞机一节中,介绍了部分具有科幻和未来色彩的飞行器设计思路。

思 考 题

　　1．现在的航空器有哪些种类?你觉得以后还可能出现新的种类吗?如果有,会是什么样的呢?

　　2．你或者你的家人、朋友们都乘坐过哪一个型号飞机呢?统计一下,哪种飞机最多。

　　3．军用飞机主要有哪些?它们在战争中分别扮演了什么样的角色?

　　4．你心目中未来飞机是什么样子?能实现什么功能?

　　5．请你设计一架既能在天上飞,又能在地上跑,还能在水里游的多功能飞行器吧。

第 3 章

放飞梦想——航模的设计试飞

3.1 认 识 航 模

你见过飞机起飞或降落吗？你乘坐航班旅行过吗？你想过亲自制作一架属于自己的航模吗？这个世界上有很多的发明创造都是从模型制作开始的，飞机也不例外。如果你对航空技术感兴趣，不妨从航模做起，只要你认真钻研，勤于动手，下一个航空科学家可能就是你。

3.1.1 世界航模运动发展

航空模型是伴随着人类航空事业的发展而产生的，是人类研制载人飞行器的重要手段，各种飞机的研制往往首先进行的就是模型飞机的实验。美国莱特兄弟在发明飞行者一号的过程中，同样借助飞机模型进行过多次实验，从中收集了相关数据并进行验证，如图 3.1 所示。

图 3.1 飞行者一号的飞机模型（《人类飞翔史》）

自从世界上第一架飞机出现后，各种航空飞行类竞赛运动逐渐兴起，其中就包括航空模型运动。1905 年，航空运动的世界性组织——国际航空联合会诞生，航空模型运动被列为分管的项目之一，统筹负责航模比赛的各项工作，目前已有 50 多个会员国。我国于 1978 年 10 月被正式接纳为会员。

20 世纪初，随着一战的爆发，飞机初上战场，战争的延续带动了航空业的迅速发展。模型飞机对普及航空知识、培养航空人才有着先天的优势。

20 世纪 20 年代,美国、俄国、德国、日本等国家逐渐开始发展这项运动,形成了有组织有领导的群众性航空模型运动。自 1926 年起,专门举行关于航模的世界级大赛,加速了航模运动全方位的提升,随后小型内燃机和遥控设备被运用到航模中,使航模种类更加丰富,比赛项目日益规范,如图 3.2 所示。

图 3.2　航模比赛

20 世纪 50 年代开始,国际航空运动联合会从时间、高度、距离等多维度进行成绩评判,并对航模的尺寸和重量等参数进行了划分,以此保证比赛的公平性和合理性。并对赛制进行科学制订,尽量减少气象、场地等外界因素对比赛的干扰,可以更加真实地反映出参赛人员的技术水平。

国际航空联合会规定了包括各种类型和各个等级的模型飞机的留空时间、飞行高度、飞行速度(圆周、直线、封闭)、飞行距离(直线、封闭)等共计 86 项航空模型纪录飞行项目。允许充分利用地形、气候、燃料,在预先选定的时间内有一次最高飞行成绩即可作为纪录。国际航空联合会 1984 年规定的竞赛项目共有 15 项,其中包括牵引模型滑翔机、橡皮筋动力模型飞机、活塞式发动机模型飞机、2.5 毫升圆周竞速模型飞机、小组竞速模型飞机、线操纵特技模型飞机、空战模型飞机、无线电遥控特技模型飞机、无线电遥控模型滑翔机等。对于这些模型飞机的机体、动力装置、燃料和放飞规则都有具体规定,以便能在指定的场地和在短期内表现出相对成绩,确定竞赛的名次。由于竞赛规则与纪录飞行规则的差别很大,除圆周速度项目外,在航空模型的竞赛会上不可能出现世界纪录。

开展航模活动较好的国家有俄罗斯、美国、日本、中国、英国等。俄罗斯的航模活动受军事影响因而发展较早,群众基础好,一开始主要以分析并试验飞机为主,后来逐渐转变为以培养青少年热爱航空事业、培养航空工业和空军后备力量为主要目的。俄罗斯航模运动的技术水平很高,尤其牵引模型、自由飞模型等项目比较出色。俄罗斯在航模竞赛的世界纪录中遥遥领先。美国的航模运动水平也处于世界前列,尤其在遥控模型项目中更加突出。日本依靠其发达的电子工业发展了先进的遥控模型器材的生产技术。同时,日本文教部将航模列入学校教材,为航模运动在日本的发展奠定了良好的基础。

3.1.2 我国航模运动发展

航空模型在我国有着悠久的历史,两千多年前我国就有了航模。可惜墨子、鲁班他们的制作方法早已失传。

航空模型一词于 1913 年流传到中国,首次出现在上海《东方杂志》刊登的《飞行雏形制造》的文章中。20 世纪 40 年代,中国较大规模的航空模型运动才开始发展,1947 年举行了首届航空模型比赛。中华人民共和国成立后,我国的航空模型运动发展迅速,1951 年开始举办全国性的航空模型教练员训练班,各省市随后建立了地方航空模型俱乐部(图 3.3),到 1956 年航空模型活动已基本普及到全国各大、中城市的学校和少年宫等场所。

改革开放以来,航模运动得到了进一步发展。国家专门成立了航空无线电模型运动管理中心,直接隶属于国家体育总局,举办了各级各类航空模型运动会,航模运动走向正规化、专业化和全民化,青少年航模运动成为新一代青少年爱科学能动手的象征之一。1978 年 10 月,我国加入了国际航空联合会,开始参加世界锦标赛,随着我国航空事业地不断发展,航空知识教育越来越受到人们的关注,我国在各级各类航模运动赛事中也屡创佳绩,连连打破世界纪录。

图 3.3   航模工作室

3.2 纸 飞 机

小小的纸飞机,很多人都曾折叠过,但是,你可能不知道叠纸飞机还可以成为专业的比赛项目。在奥地利萨尔茨堡,世界各地的纸飞机爱好者用 A4 纸折叠着飞行的梦想。纸飞机究竟有多少种折法,这个问题很难回答,但是在世界纸飞机锦标赛上,最重要的比赛评定标准是"看谁飞得最远"和"看谁飞得最久",也就是比纸飞机的飞行距离和滞空时间。

表 3.1 是世界上的纸飞机飞行距离和飞行时间记录。

表 3.1   纸飞机飞行距离和飞行时间记录(截至 2022 年)

创造时间	创造者	新纪录	保持时间
1985 年	托尼·弗莱	58.82 米	18 年
2003 年	斯蒂芬·克里奇	63.19 米	9 年
2012 年	约翰·柯林斯	69.14 米	10 年
2022 年	申武俊、金圭泰和齐志安	77.134 米	至今

创造时间	创造者	新纪录	保持时间
1975 年	威廉·哈伦	15 秒	8 年
1983 年	肯·布莱克布恩	16.89 秒	4 年
1987 年	肯·布莱克布恩	17.2 秒	7 年
1994 年	肯·布莱克布恩	18.80 秒	2 年
1996 年	克瑞斯	20.90 秒	2 年
1998 年	肯·布莱克布恩	27.6 秒	11 年
2010 年	户田拓夫	29.19 秒	至今

3.2.1　飞行原理

纸飞机能够飞行依赖于其自身的升力和重力的相互作用。纸飞机的重量会牵引机身向下掉落,机翼则会"抓"住空气,让纸飞机在空气中飘浮。一上一下的两股力量,再加上投掷者帮助纸飞机向前滑行的动力——产生惯性运动而顺势滑出,三股力量的作用,就能在空中飞出不同的航迹。

叠得好的纸飞机在飞行时,机翼上表面速度大于下表面速度,由伯努利定理——流速快压力小,流速慢压力大,因而上表面压力要小于下表面,翼面压差产生向上的升力,继而做滑翔运动。真飞机的升力还受很多其他因素的影响,比如机翼弯度、机翼面积、迎角等,远比纸飞机要复杂得多。

纸飞机飞行的动力来自出手时的动能。在投掷后,假如飞机的高度维持不变,飞机的速度会因空气阻力而减小,此时纸飞机便会用牺牲重力势能的方式换取继续向前运动的动能,因此产生一条飞行轨迹。另外理论上讲,好的纸飞机的机翼应具有较好的升阻比,但是实际上即使是平直翼也能够飞行得较远,在这里机翼几乎不产生升力,而是像箭羽一样起稳定姿态的作用,相反升力较大的机翼若是没有控制好投掷力度,反而会突然大仰角地上升,然后失速。

因此,纸飞机的飞行原理从本质上讲应该分为两类:第一类是像箭一样,依靠出手动能飞行的,这类飞机投掷时力度与飞行距离成正比;第二类是像滑翔机一样靠速度产生升力滑翔飞行的,这类飞机哪怕垂直释放,也能由牺牲重力势能而来的动能产生升力,进而迅速改平并滑翔飞行。

3.2.2　折叠技巧

不管是哪种纸飞机都需要折叠,而现在最流行的是不用任何工具的折叠方法。折叠方式和技术就成了决定纸飞机飞行质量的关键环节。在实际折叠中,大多数折叠者都能根据图纸折叠出飞机的样子,但为什么飞行时就达不到最好的效果呢? 答案是折叠者可能从第一步开始就注定折叠不出飞行性能好的纸飞机。那么如何才能折叠出具有良好飞行效果的纸飞机呢? 让我们先从折叠注意事项开始学起吧。

纸飞机的折叠需要注意以下几点。

(1) 用标准 A4 纸 (21 厘米×29.7 厘米)。规则的长方形(纸的规格可大可小,但一定要标准,这一点很重要,往往我们在折叠纸飞机的时候,最后无法保证对称,为后面的飞行调试埋下了隐患)。

(2) 保证绝对的对称。多数纸飞机的折叠都是从中心对称折叠开始的。

(3) 整个结构比例适中。机身小机翼大可以为飞机提供足够的升力,但重心上抬,投出去的飞机容易产生飘摆;机身大机翼小,重心过于下移,飞机就像飞镖一样,惯性十足,类似纸团被扔了出去,缺少飞行滑翔的行程。正确合理的机翼和机身比例要根据纸飞机的形状和纸张的材质决定,反复尝试就能找到最佳比例。

(4) 注意整个纸飞机重量的前后平衡。机头太重,飞机容易俯冲,一头扎在地上;机头太轻,又容易造成机头上翘,导致失速。通过调整纸飞机的外形,用纸条或胶带进行适当的配重 (如果允许的话) 可以调节飞机的前后平衡。

下面我们介绍几种常见纸飞机的折叠方法。

折叠说明:为了折叠方便,均在图中注明了加 (＋) 号和减 (－) 号,"＋"代表这一步是山折,即从侧面看是"A"形;"－"代表这一步是谷折,即从侧面看是"V"形。以下凡是标注数字符号的地方,都需要按照规范折叠。

1. "SkyKing" 空中之王

SkyKing 纸飞机折叠步骤如图 3.4 所示。

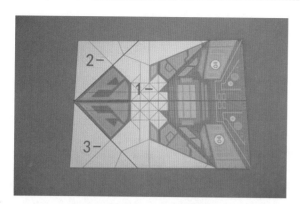

1. 完成 1～3 步谷折

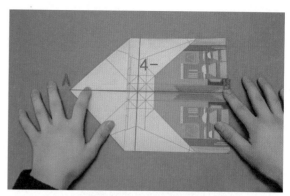

2. 把 A 点谷折向 B 点

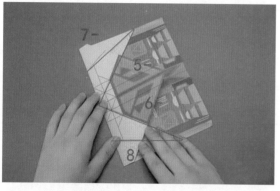

3. 按图示完成 5～8 步谷折

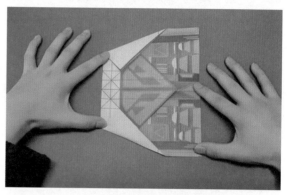

4. 完成后如上图

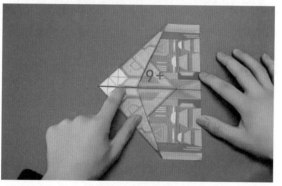

5. 按图示完成 9 步山折

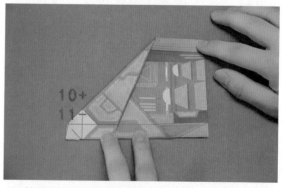

6. 按图示在机头位置分别 10 步山折和 11 步
谷折一次（及反复折一下机头）

7. 按图示折叠 1

8. 按图示折叠 2

图 3.4 "空中之王"纸飞机折叠步骤

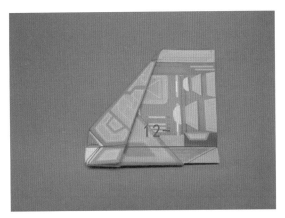

9. 把头部向机身方向折去,并压平并按 图示完成12步谷折

10. 两侧对称折叠

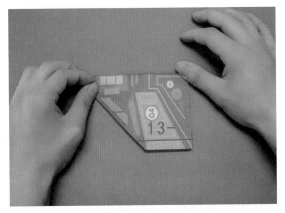

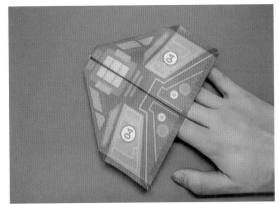

11. 机翼两侧对称折叠

12. "空中之王"折叠完成

图 3.4 (续)

2. "复仇者"纸飞机

这是一款少有的飞行距离能轻松达到约 30 米,滞空时间达到约 20 秒的纸飞机。它的结构简单,外观优美,一度被称为世界上最强的纸飞机。"复仇者"纸飞机制作过程如图 3.5 所示。

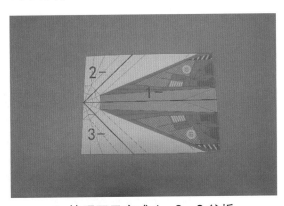

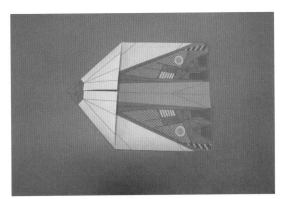

1. 按照图示完成1、2、3谷折

2. 按图示折叠1

图 3.5 "复仇者"纸飞机制作过程

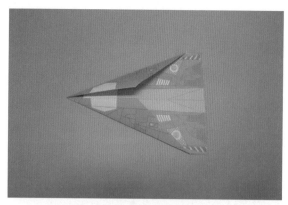

3. 按图示折叠 2

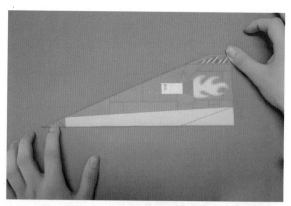

4. 此时如图示

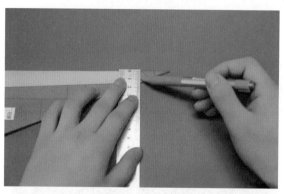

5. 在机头处量出 2 厘米的位置标注

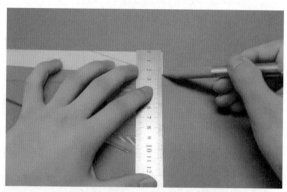

6. 在尾部标出 2～3 厘米的位置

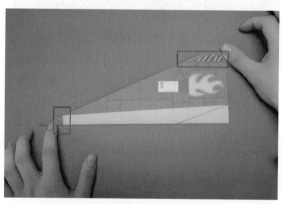

7. 前两次标注图示

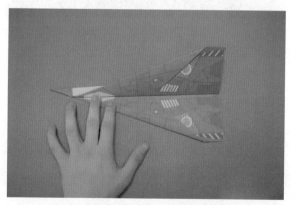

8. 完成谷折，另一侧对称谷折

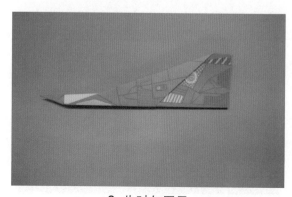

9. 此时如图示

10. 如图示捏住机头

图　3.5（续）

11. 往里压机头

12. 折成图示的样子

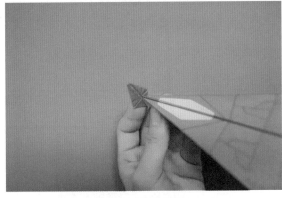

13. 压平如图示

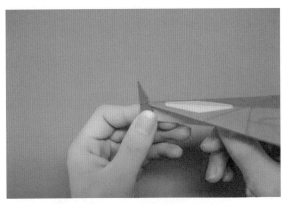

14. 往机身捏紧

15. 把高出部分压入机头

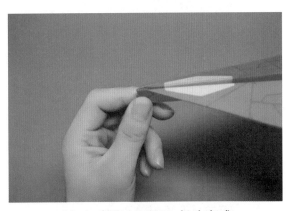

16. 如步骤 15 所示,机头完成

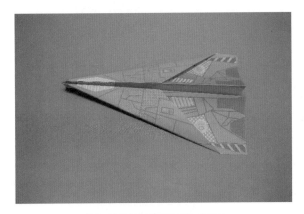

17. 此时如步骤 16 所示

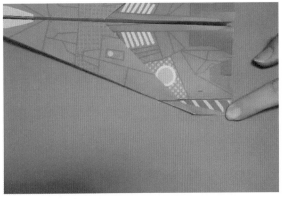

18. 完成谷折,另一侧对称折叠

图 3.5 (续)

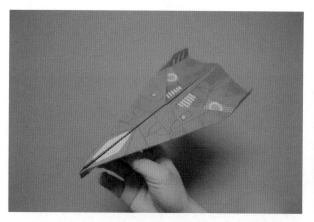

19. 折成如图示

20. 尾部用食指往上顶出一个锥形

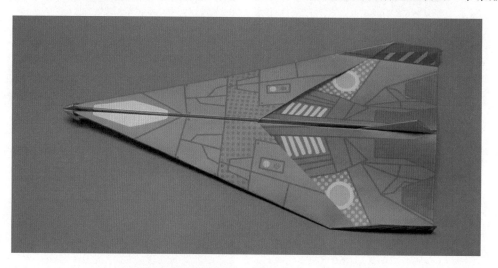

21. 折成如图示,用双面胶固定机身中部

图 3.5(续)

3.2.3 试飞与调试

1. 纸飞机的投掷

纸飞机的投掷需要掌握以下几个关键点。

(1) 尽量避免侧风投飞,不然容易因侧风而失去左右平衡,而顺风投掷时会导致升力缺少;最好迎着不太强的正面逆风投掷,投出的角度大于水平角度以 15° 左右为宜,飞机要平稳向前送出,最后一刻再自然脱手,纸飞机才能飞得最远。

(2) 在投掷纸飞机时,最常用的方式是平抛。动作要领:脚呈大丁字步,迈开,手从身体一侧拉向后方——重心前移手跟着往前平移——重心继续前移,手达到前伸最大位置处,自然送出飞机。整个过程需要反复体会,注意手上飞机的状态要水平,出手后,看飞机的飞行状态,根据飞机的具体飞行状态,再调整纸飞机。多加练习,我们还可以进行侧抛和花样抛。

2．纸飞机的调试

第一次抛掷纸飞机总会出现各种问题,遇到问题不怕,关键要学会调试,下面我们一起学习一下纸飞机调试方法,如图 3.6 所示。

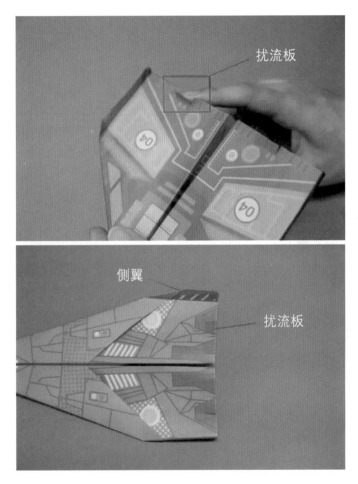

图 3.6 纸飞机调试技巧

飞机折叠好了,怎样飞出理想的状态呢? 此时,最需要的是对飞机的调试,传统纸飞机在调试时方法比较单一,除了在折叠时注意重心和翼展的控制之外,就是最后剪出的侧翼和扰流板。

侧翼主要是为了防止产生乱流,侧翼向上折和向下折,在飞行中产生的效果是不同的,可以在实际飞行中对比试一试。扰流板的作用是辅助操纵系统提供起飞、着陆的增升动力和增加在地面或飞行中的气动阻力,改善飞机的操纵性能。

简单地说，如果飞机出手后很快头冲下落地，说明升力不够，可以把扰流板的角度向机身上方调大一点；如果出手后飞机头冲上飞去并很快失速下降，说明升力太大，需要把扰流板的角度调小一些或者向机身下方调一点，反复调试直到效果最佳。

不管是哪种类型的纸飞机，在飞行调试时都大同小异，只要掌握了方法和原理，自己摸索，多练多试，最终一定会得心应手。当然调试前要分清楚比赛目标是飞行距离还是滞空时间。

3．仿真纸飞机

仿真纸飞机（图3.7）因其外形比传统的纸飞机逼真，所以受到了飞行爱好者的喜欢，它不仅可以飞行，还可以控制飞行的路径，另外还能进行特技表演，比如进行下面的纸飞机冲浪。

（a）苏-27"侧卫"仿真纸飞机

（b）F-16"战隼"仿真纸飞机

（c）歼-10"猛龙"仿真纸飞机

（d）歼-15"飞鲨"仿真纸飞机

图3.7 仿真纸飞机种类

我们可以根据不同的机型打印图纸进行折叠,图 3.8 介绍其中一款歼-20 仿真纸飞机的折叠过程。

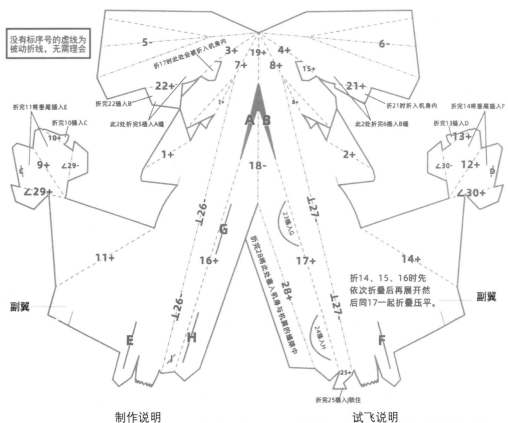

1. 制作与试飞说明

2. 拿出纸飞机

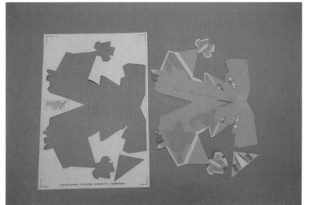

3. 将机身沿蓝色轮廓从纸上小心撕下

图 3.8　歼-20 仿真纸飞机折叠过程

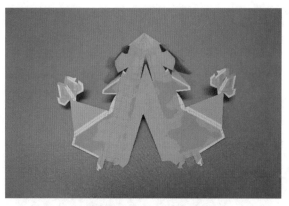

4. 折叠 1 ~ 4 步完成图

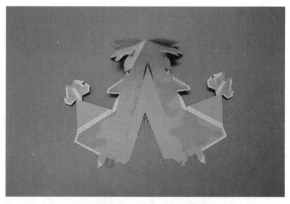

5. 折叠 5 ~ 8 步完成图

6. 折叠 9 ~ 14 步完成图

7. 折叠 15 ~ 18 步完成图

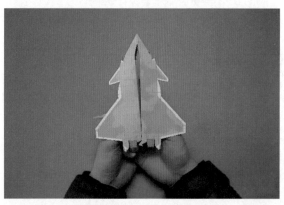

8. 折叠 19 ~ 24 步完成图

9. 折叠 25 ~ 27 步完成图

10. 折叠 28 ~ 30 步完成图

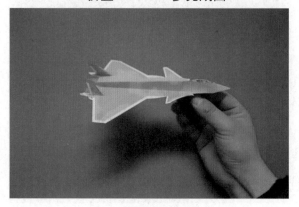

11. 歼-20 完成图

图 3.8（续）

4．纸飞机冲浪

准备一张纸飞机冲浪的纸，纸的材料必须轻薄，或者购买成品的纸飞机冲浪卡纸包。按照图 3.9 和图 3.10 的指示进行裁剪。

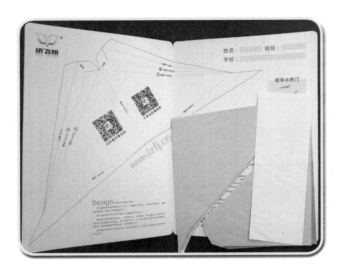

图 3.9　纸飞机冲浪卡纸包

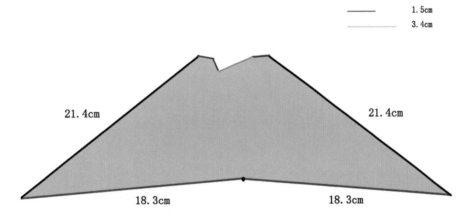

图 3.10　冲浪纸飞机尺寸

接下来按照图 3.11 的步骤进行折叠。

1. 沿中线折叠　　　　2. 对齐中线和顶点折叠机翼前缘，红
　　　　　　　　　　　线对齐红线，红点对齐红点

图 3.11　冲浪纸飞机折叠步骤

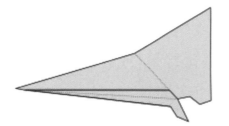
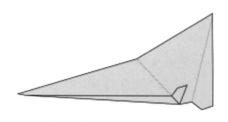

3. 继续对折加强机翼前缘,红线
对齐红线

4. 同样方法对齐另一侧机翼前缘

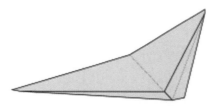
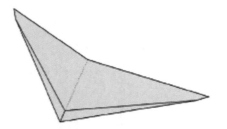

5. 同样方法继续折叠另一侧机翼前缘

6. 将"小舌头"折进去再压平

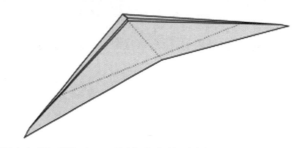

7. 距离机翼后缘 1cm 处折升降舵,折完再展开,一定要压平

图 3.11(续)

冲浪纸飞机的"三轴"调控如图 3.12 所示。

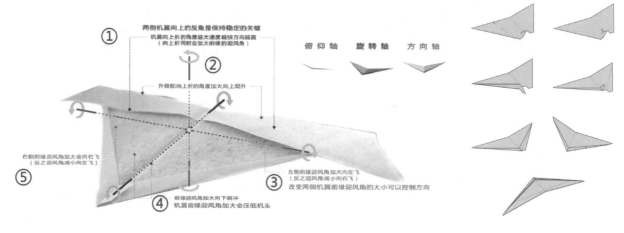

图 3.12 三轴平衡调控方法

图中序号说明如下。

① 两侧机翼向上的反角,能够确保飞机稳定。机翼向上折的角度越大、速度越快、方向越直。上折同时会加大前缘的迎风角,实际中要根据自己的需

要折叠合适的角度,如图 3.13 所示。

② 升降舵向上的角度,能加大飞机向上爬升。

③ 左侧前缘迎风角,加大会向左飞,反之迎风角减小会向右飞。

图 3.13 纸飞机冲浪

④ 前缘的迎风角,迎风角加大会导致飞机向下俯冲,因为机翼前缘的迎风角加大会压低机头。

⑤ 右侧前缘迎风角,迎风角加大会导致飞机向右飞,反之迎风角减小会向左飞。

注意:用至少 40 厘米×40 厘米的 KT 板或硬纸板,前推纸板前进。

方向控制技巧为向右平移推板飞机将向左飞行,向左平移推板飞机将向右飞行。

3.3 橡皮筋动力飞行器

橡皮筋动力飞行器又称橡皮筋动力飞机,它是依赖于橡皮筋能量,带动螺旋桨旋转产生拉力而使飞机上升的模型,如图 3.14 所示。

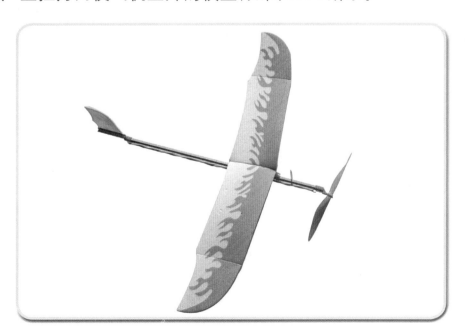

图 3.14 橡皮筋动力固定翼飞机

橡皮筋动力飞机的飞行原理是以橡皮筋为动力,带动螺旋桨旋转,产生向前的拉力。当投掷出后,由于上翼面曲率大于下翼面,根据伯努利定理,机翼上表面气流速度大于下表面的气流速度,使得机翼下方气流产生的压力大于机翼上方气流的压力,上下翼面产生压强差,形成升力,使模型飞机上升。

由于橡皮筋弹力带动螺旋桨旋转产生拉力仍继续维持飞机向前运动,故比纸飞机飞行时间要长,飞行距离也远。但当橡皮筋动力用完后,模型便进入自由滑翔状态。使用的橡皮筋所储存的能量是有限的,通常工作十几秒到几十秒不等。

3.3.1　固定翼飞机

橡皮筋动力固定翼飞机是很多航模比赛的指定机型。橡皮筋动力固定翼飞机采用双上反角,凹凸翼型,加长杆身,滞空时间可达 100 秒左右,适合中小学开展航模推广活动。

我们首先需要准备一套橡皮筋动力固定翼飞机的零部件（图 3.15）,零部件可以自行制作,也可以通过渠道购买。

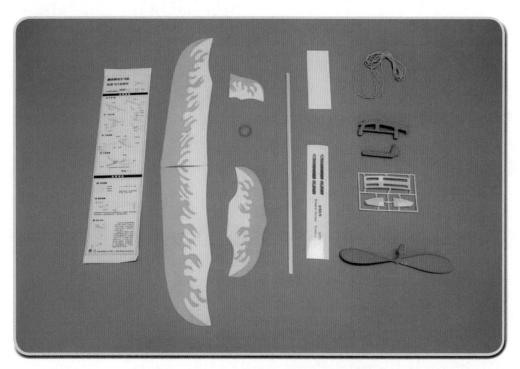

图 3.15　橡皮筋动力固定翼飞机零部件

橡皮筋动力固定翼飞机的构造简单,组装起来也容易,重点是如何调试我们的飞机达到最好的飞行状态。下面让我们按照图 3.16 的步骤动手制作一架橡皮筋动力固定翼飞机,亲手调试一下吧。

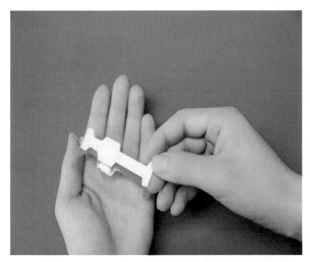

1. 拿出图示双面胶

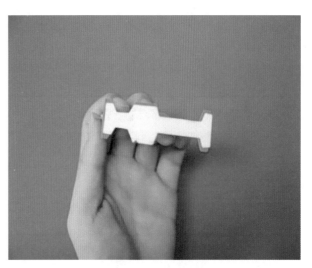

2. 贴上双面胶

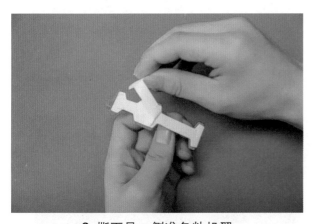

3. 撕下另一侧准备粘机翼

4. 粘上机翼,注意对称

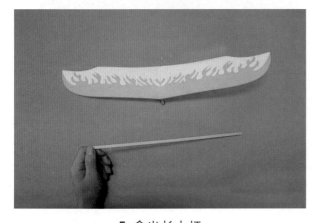

5. 拿出长木杆

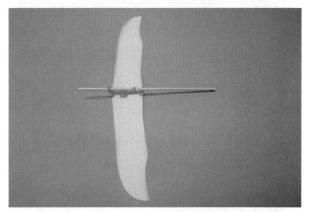

6. 按上图插入长木杆;重心大约在 1/3 处

图 3.16　橡皮筋动力固定翼飞机制作步骤

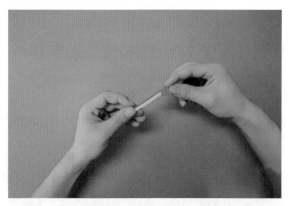

7. 组装尾部,粘上双面胶

8. 这一步要注意,双面胶粘在左侧

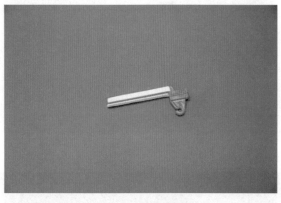

9. 形成图示结构

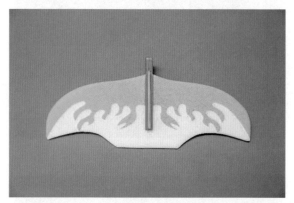

10. 粘上尾翼

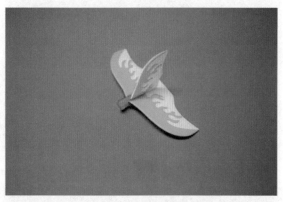

11. 如上图,注意平衡

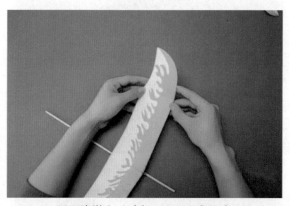

12. 稍微向上折一下,形成仰角

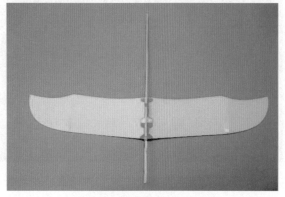

13. 贴上固定翼角的结构

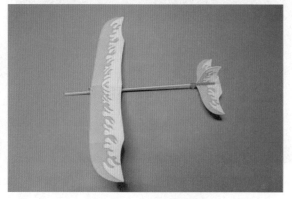

14. 穿入中央连接杆

图　3.16（续）

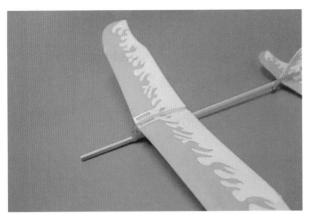

15. 皮筋固定在钩子上

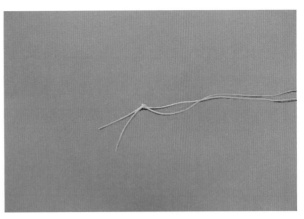

16. 橡皮筋打结准备

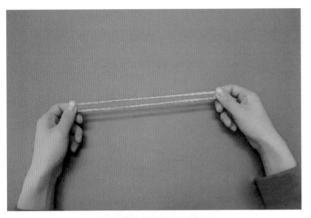

17. 像筋对折绕三圈

18. 把像筋固定在两个勾之间

19. 固定完毕如上图所示

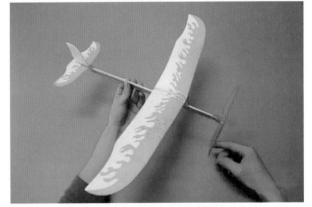

20. 顺时针缠绕橡筋准备飞行

图 3.16 (续)

橡皮筋动力固定翼飞机的飞行调试非常的重要,这决定了飞行的效果。在缠绕线圈时需要 60 ～ 150 圈,圈数需要根据所选橡皮筋强度、长短等来判断。一般的判断标准是:看到橡皮筋缠到快要打结时就可以停止了。

放飞时,一只手握住机身,另一只手卡住螺旋桨,注意此时手握机身的位置在飞机重心附近,调整好迎角,在无风或微风状态下,将模型轻轻掷出。观察飞行轨迹,盘旋上升姿态为最佳。如发现模型盘旋半径过小,将垂直尾翼根部切一个小口后向飞机盘旋的相反方向弯曲即可。根据模型飞行姿态调整翼台前后距离。波状飞行表示机头轻,需将翼台向机头方向移;向下俯冲表示头重,需将翼台向机尾方向移动。可能需要经过反复调整才能达到理想的飞行效果。

3.3.2　直升机

直升机制作步骤如图 3.17 所示。

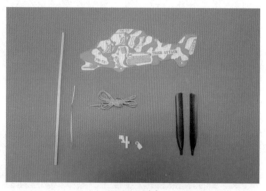

组装材料

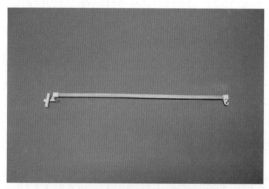

1. 先把两个带钩的零件组装到木杆上

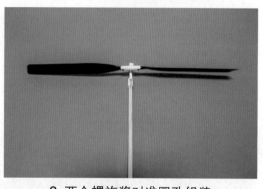

2. 两个螺旋桨对准圆孔组装

3. 两个螺旋桨插到底,听到"咔哒"声

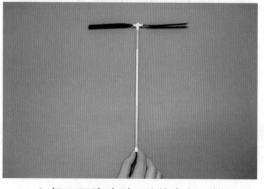

4. 把双面胶贴到无钩的木条一侧

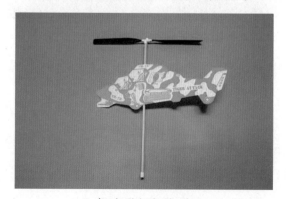

5. 把直升机机身贴上

图 3.17　直升机制作步骤

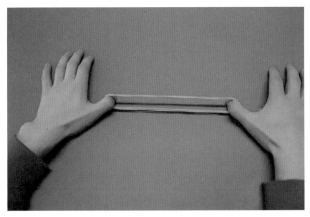 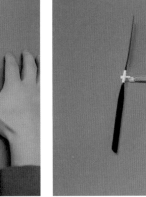

6. 橡皮筋打结后,对折绕三圈　　　　7. 把绕好的橡皮筋挂到两端的挂钩上

8. 最后顺时针旋转,可以准备飞行

图　3.17(续)

3.3.3　扑翼鸟

扑翼鸟能够像鸟儿一样在天上自由飞翔,下面我们就自己做一个扑翼鸟(图 3.18)。我们首先需要准备一套扑翼鸟的零部件,可通过渠道自行购买。

3.3.4　飞行技巧

在缠绕到适合的圈数后,向前向上以合适的迎角抛出。注意,扑翼鸟的翅膀比较软,要轻拿轻放,不能把它弄坏。

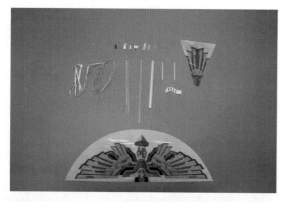

1. 准备好配件

2. 把铁丝插入白色塑料组件

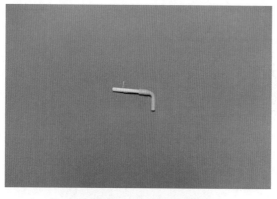

3. 一边旋转一边将橡皮管套入

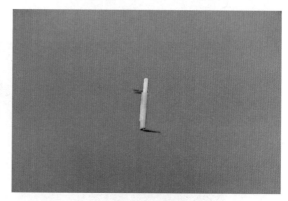

4. 完成图

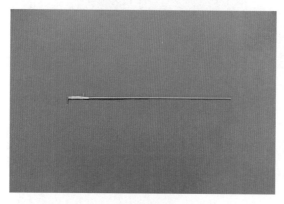

5. 将竹条插入

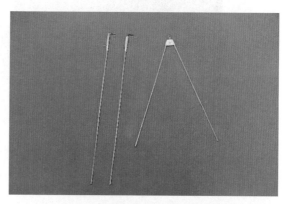

6. 完成翅膀局部和尾翼骨架组装

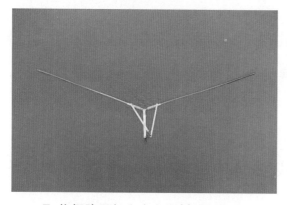

7. 将翅膀局部和白色塑料连杆组装

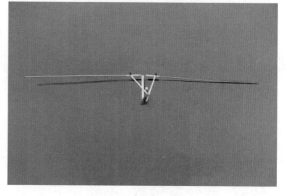

8. 机头完成图

图 3.18　扑翼鸟制作过程

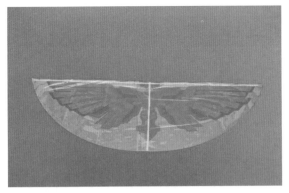

9. 将机翼在桌面放平,把双面胶贴上

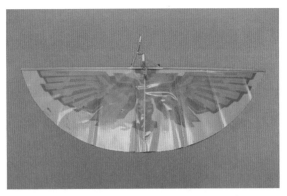

10. 将中梁和摇臂的竹条贴到双面胶上

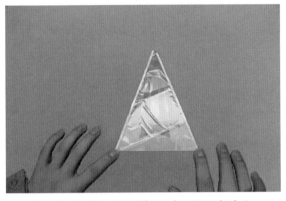

11. 将尾翼在桌面放平,把双面胶贴上

12. 将尾翼的竹条贴到双面胶上

13. 将尾翼插入尾钩槽并向上折至 15°

14. 图橡筋条缠绕 9 圈后挂在前后钩上

15. 组装完成

图　3.18（续）

本 章 小 结

　　本章共包括认识航模、纸飞机、橡皮筋动力飞行器三部分内容。所有的飞行器设计都是从航空模型开始的,在认识航模一节中,介绍了世界和我国航模运动的历史和发展,使读者对航模形成基本的感性认识。在纸飞机一节中,介绍了 SkyKing 空中之王和"复仇者"两种纸飞机的叠法,介绍了几种仿真型纸飞机,并且说明了纸飞机冲浪的方法。最后,在橡皮筋动力飞行器一节中,介绍了橡皮筋动力固定翼飞机、橡皮筋动力直升机和橡皮筋动力扑翼鸟等三种橡皮筋动力航模,让大家能够通过制作各类纸飞机和橡皮筋动力飞行器来体验飞机设计师的工作乐趣。

思 考 题

1. 参加航模活动 / 竞赛能锻炼自己的哪些本领?
2. 试着折一架纸飞机,纸飞机的滞空时间每次都一样吗? 为什么?
3. 你在动手制作飞机的过程中有哪些收获?
4. 纸飞机和橡皮筋飞机哪个飞行时间更长? 为什么呢?
5. 三种不同的橡皮筋动力飞机的飞行原理相同吗? 分别是什么?

参考文献

[1] 马文来,术守喜.航空概论 [M]. 北京:中国民航出版社,2018.

[2] 钟长生.民用飞机机体结构与安全 [M]. 成都:西南交通大学出版社,2004.

[3] 黄儒经,吴晓兰.人类飞翔的历史 [M]. 北京:东方出版社,2008.

[4] 贾玉红,马文来,邢琳琳.炫酷机器——航空器知识入门 [M]. 北京:北京航空航天大学出版社,2014.

[5] 刘得一,张兆宁,杨新湦.民航概论 [M]. 北京:中国民航出版社,2011.08.

[6] 中国古代飞行器简史 [N]. 华东旅游报,2018-01-02.

[7] 杨春源.让飞翔之梦激情勃发(下)[J]. 航空知识,2006 (8).

[8] 秦菊波,肖华锋,易申波.航空事业管理概论 [M]. 北京:航空工业出版社,2010

[9] 贾玉红,胡波,曲连江,等.驾驭神鹰——飞行技术基础 [M]. 北京:北京航空航天大学出版社,2014.

[10] 曲景文,张继超,刘明.世界通用飞机 [M]. 北京:航空工业出版社,2014.

[11] 贾玉红,邢琳琳,马文来,等.飞翔奥秘——航空百科问答 [M]. 北京:北京航空航天大学出版社,2014.

[12] 李士,刘树勇.改变世界的力量 [M]. 北京:科学普及出版社,2000.

[13] 第二架国产大飞机 C919 试飞成功 [N]. 新晚报,2018-10-28.

[14] 于始,廖文根.人类的飞翔——从梦想到现实 [M]. 广州:世界图书出版公司,2009.

[15] 钟长生,阎成鸿.航空器系统与动力装置 [M]. 成都:西南交通大学出版社,2008.

[16] 李桦,田正雨,潘沙.空天力学系列教材飞行器气动设计 [M]. 北京:科学出版社,2017.

[17] 穆燕城.体验航空——航空模型制作与放飞 [M]. 北京:航空工业出版社,2019.

[18] 刘丹.载人航天之梦 [M]. 呼和浩特:远方出版社,2006.

[19] 王怀安,顾明,祝铭山.中华人民共和国法律全书 2007·1-430[M]. 长春:吉林人民出版社,2007.

[20] 王文利,郭边宇.开发太空上修订版 [M]. 呼和浩特:远方出版社,2005.

[21] 隋立国,焦红卫,吕思超.航空产业学院建设研究与实践 [J]. 南方职业教育学刊,2021 (11).

[22] 杨莉,沈海军.航空航天概论 [M]. 北京:航空工业出版社,2011.

[23] 天津市河东区缘诚小学,中国民航大学附属小学.科技航天 [M]. 天津:天津科学技术出版社,2017.

[24] 张春林,赵自强.仿生机械学 [M]. 北京:机械工业出版社,2018.

[25] 赵长辉,段洪伟.从莱特兄弟突破到跨国整合:飞机制造业百年简史 [J]. 中国工业和信息化,2015 (8).

[26] 通用飞机的概念 [J]. 中国军转民,2011 (000).

[27] 阅微.勾画苍穹 1[M]. 石家庄:河北科学技术出版社,2017.

[28] 高荣华,徐军,章枧,等.通用飞机电动舵机的设计 [J]. 科技资讯,2014.

[29] 范玉青.航空宇航制造工程飞行器制造技术 [M]. 重庆:重庆出版社,2001.

[30] 王磊 . 利用嵌套网格数值求解某型通用飞机的动导数 [J]. 中国航班，2020.

[31] 吕斌 . 新中国 20 大瞩目工程 [J]. 法人，2019.

[32] 王可 . 在科学海洋漫游航模的历史与未来 [M]. 北京：光明日报出版社，2012.

[33] 崔溶净, 张洪迎 . 纸飞机系列创意产品的推广 [J]. 花炮科技与市场，2020.

[34] 宏图 . "中国航空之父"冯如 [J]. 半月选读，2020.

[35] 编委会 . 我爱科技体育系列读本——创意模型制作 [M]. 成都：电子科技大学出版社，2014.

[36] 主流客机各领风骚 [N]. 新民周刊，2019 (9).

摄　影

（以音序排列）

陈健　崔文斌　刘军　李进忠　齐贤德　杨宏章　仲戈

绘　图

（以音序排列）

李秋雨　刘晓晴　于芮婷　袁荣政

声　明

在此，我们对为本教材做出了贡献的人们，一并表示最衷心的感谢。由于种种原因，个别图片和文献资料作者的姓名可能有遗漏，在此深表歉意。

需要说明的是，对部分图片作者，因地址不详而无法联系，也无法支付报酬。请作者见书后与我们联系。

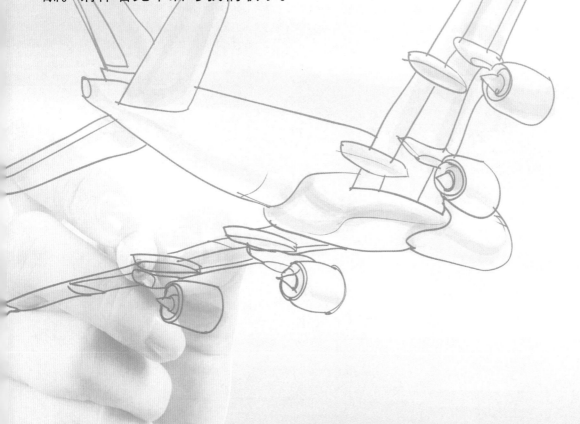